河南省科技攻关项目(182102210253,
182102210252,182102210251)
河南省高等学校重点科研项目(19A510008)

# 人脸识别技术与应用

熊 欣 著

黄河水利出版社
·郑州·

**图书在版编目(CIP)数据**

人脸识别技术与应用/熊欣著. —郑州:黄河水利出版社,2018. 8

ISBN 978 - 7 - 5509 - 2107 - 8

Ⅰ. ①人… Ⅱ. ①熊… Ⅲ. ①人脸识别 - 研究 Ⅳ. ①TP391. 41

中国版本图书馆 CIP 数据核字(2018)第 190759 号

---

出 版 社:黄河水利出版社

地址:河南省郑州市顺河路黄委会综合楼 14 层 邮政编码:450003

发行单位:黄河水利出版社

发行部电话:0371 - 66026940、66020550、66028024、66022620(传真)

E-mail:hhslcbs@126. com

承印单位:虎彩印艺股份有限公司

开本:890 mm×1 240 mm 1/32

印张:3. 875

字数:100 千字 印数:1—1 000

版次:2018 年 8 月第 1 版 印次:2018 年 8 月第 1 次印刷

---

定价:20. 00 元

# 前　言

近几年来，随着计算机网络技术的高速发展和信息化进程的日益加快，信息安全和公共安全越来越显示出其前所未有的重要性。准确的身份识别或认证是保证信息安全和公共安全的重要前提，人们对于既方便快捷又安全可靠的身份认证手段的需求日益迫切，而基于人体生物特征的身份识别技术为实现这种需求提供了可能。在这种需求的推动下，人们已经相继开发出了基于声纹、笔迹、指纹、掌形、眼虹膜的生物特征识别系统，并且也得到了成功的应用。与上述识别技术相比较，利用人体面部特征的身份认证则具有简便、准确、友好、使用者无心理障碍及可扩展性强等诸多优势，可应用于国家安全、公安、司法、海关、电子商务、电子政务、安全监控、门禁保安、重要集会等许多领域。自动人脸识别技术是指利用计算机分析人脸图像，从中提取有效的识别信息，进而辨认身份的一门技术。它涉及模式识别、图像处理、计算机视觉、生理学、心理学及认知科学等相关学科领域，并同基于其他生物特征的身份鉴别方法以及计算机人机感知交互的研究领域相互交融。虽然人类可以直观地根据人脸来互相辨别，即使在视觉刺激上差异非常大如不同视角、表情变化、年龄增长、佩戴饰物甚至乔装的情况下也能相当好地识别。但利用计算机进行完全自动的人脸识别仍存在许多困难，这主要表现在人脸是非刚体，不可避免地存在局部变化的随机性，如表情、姿态等人脸外观特征随年龄增长而变化，发型、眼镜等饰物对人脸造成遮挡，人脸图像受光照、成像角度、成像设备性能及成像距离等因素影响，等等，而且人脸识别技术研究也受到相关学科发展及人脑认知程度的制约。以上诸多因素使得人脸识别成为一项极具挑战性的前沿研究课题,早在20世纪60年代,人脸识别即引起了研究者的强烈兴趣,但早期的人脸识别一般都需要人的某些先验知识,很大程度上依赖于人的干预。20世纪90年代后,由于高性能计算机的出现,人脸识别方法有了重大突破,进入了真正的机器自动识别研究阶段,人脸识别研究也得到了前所未有的重视。

发展至今,可控环境下的人脸识别技术已经相对成熟,人脸识别的研究与应用正逐步向室外的非可控环境拓展。然而,受低分辨率、噪声污染、光照变化、遮挡、姿态变化、表情变化、年龄变化、标注数据不完整以及异质模式等因素的影响,已有的可控环境下的识别技术在真实环境下的人脸识别任务中往往难以获得良好的性能,没有任何一种已有方法能够完美地解决非可控环境中人脸识别所面对的所有困难。这意味着在人脸识别上的研究与探索工作还远远不能满足复杂情况下人脸识别的需求。因此,人脸识别在理论和实际应用方面依然是国内外学者密切关注并积极研讨的具有挑战性的前沿课题之一。

全书共分为六章,主要内容有绪论、人脸识别综述、面向光照变化人脸识别的稀疏表示模型研究、基于局部特征提取的人脸识别、基于统一准则的特征提取与分类方法、其他方法简介。

此外,在本书的撰写过程中参考了大量的文献,在此对相关作者表示衷心的感谢。

限于作者水平,书中难免存在疏漏之处,恳请读者批评指正。

作　者

2018年7月

# 目　录

第1章　绪　论 …………………………………………………… (1)
　1.1　人脸识别研究的背景及意义 ……………………………… (1)
　1.2　人脸检测与识别的国内外研究现状 ……………………… (4)
　1.3　人脸的检测与识别技术 …………………………………… (6)
　1.4　人脸识别中的模式表示与模式分类的研究 ……………… (7)
第2章　人脸识别综述 …………………………………………… (20)
　2.1　人化识别系统 ……………………………………………… (20)
　2.2　光照预处理方法 …………………………………………… (21)
　2.3　特征提取方法 ……………………………………………… (25)
　2.4　识别算法 …………………………………………………… (30)
　2.5　人脸识别数据库 …………………………………………… (34)
第3章　面向光照变化人脸识别的稀疏表示模型研究 ………… (36)
　3.1　经典的稀疏表示分类模型 ………………………………… (38)
　3.2　光照稀疏表示分类模型 …………………………………… (39)
第4章　基于局部特征提取的人脸识别 ………………………… (47)
　4.1　概　述 ……………………………………………………… (47)
　4.2　基于水平分量优先原则的 RDW - LBP 人脸识别算法 ……………………………………………………… (49)
　4.3　实验与分析 ………………………………………………… (63)
　4.4　算法结论 …………………………………………………… (68)
　4.5　基于 LTP 子模式的人脸识别 ……………………………… (68)
　4.6　算法结论 …………………………………………………… (75)

**第5章　基于统一准则的特征提取与分类方法** ……………… (76)
5.1　引　言 …………………………………………… (76)
5.2　相关工作 …………………………………………… (77)
5.3　基于点到子空间距离的特征提取方法 ………… (81)
5.4　基于点到子空间距离的分类器设计 …………… (84)
5.5　本章小结 …………………………………………… (86)
**第6章　其他方法简介** ……………………………………… (87)
6.1　人体检测跟踪方法 ………………………………… (87)
6.2　光照预处理方法 ………………………………… (102)
6.3　人脸识别方法 …………………………………… (107)
**参考文献** …………………………………………………… (115)

# 第1章 绪 论

## 1.1 人脸识别研究的背景及意义

人类发展到今天,进入了网络信息化的时代,而这个时代的一个主要特点就是身份的数字化与隐藏化。所以,怎样有用、快捷地对身份进行检验,将是我们急需探讨的热门话题。身份检验是保证国家安全的重中之重。在国家的安防、公安、安检、法律、视频监控、电子商务等领域,准确而快速地进行身份识别与验证是必须的。就目前来看,个人身份的识别主要依靠的仍然是证件与卡片,譬如身份证、学生证、一卡通、银行卡与密码等方式,但这些方式的缺点就是易丢失、携带不方便、容易损坏、密码很容易忘记或者被破解等。而且据统计,全球每年发生的诈骗案件中,有关信用卡的诈骗案件至少有上亿美元,通过移动电话实施诈骗的有上亿美元,利用取款机施行诈骗的有上亿美元。所以,这对当前广为使用的利用证件、口令、密码等传统方式来鉴定身份的技术带来了严峻的挑战,已经不能够促进现代化进程满足和社会前进的需求。鉴于此,人们开始寻求一种新的方式,能够既方便又可靠地对身份进行识别,生物特征的识别技术,作为人内在的一种本质属性,而且有非常强的恒定性与个体的差别,给这一想法提供了实现的可能性。人们可能会丢掉或忘记自己的卡片和密码,但与生俱来的生物特性是肯定不会被丢掉或忘记的,譬如脸部特征、指纹、基因、虹膜、声音、掌纹、视网膜等。所以,通过生物特征识别的方式对身份进行验证,吸引了越来越多的关注度,逐渐被许多国家的众多科学家认定为最理想的身份验证方式，并且逐步延伸到社会各个方面。

人脸作为人体最重要的特征之一，包含了大量的信息，相较于其他身份检验技术，人面部特征的识别是一个更友好、直接、方便且易被大家接受的方法，人脸检测与识别之所以有很强的关注度，其原因包含了以下几个方面：

(1)友好性强。获取人脸图像时，不与人直接身体接触，可在我们没有意识和防备的时候进行，不会有任何心理障碍，更不会让人产生反感。在一些场合，比如视频监控、嫌犯鉴定与逮捕等情况，这种优势就显得尤为重要。

(2)性价比好。人脸的检测与识别系统安装简单，成本也很低，只需利用普通常用的摄像头、智能手机或数码相机等摄像装置即可。因此，对于用户来说并没有什么特殊的安装要求。

(3)符合人的习惯。我们在日常生活中都是用人脸对一个人进行鉴别的，这也是最直接和快捷的一种方式，符合人的习惯。当一个人试图通过指纹、掌纹等其他生物特征来识别一个人的身份时，较人脸来说就显得困难得多。

正因为人脸在生物特征的识别技术中有许多优势，伴随着计算机软硬件成本的降低，加上研究人员对计算机视觉与人工智能的不断研究，人脸技术的关注度一路飙升，已然成为一个至关重要的课题，并且已经获得了很大发展，在很多方面都有成功的使用：

(1)辅助驾驶。在我国，私家车已经越来越多，堵车也成了很常见的事情。所以，由此引起的交通事故每年也趋于上升状态，给人的生命财产造成很大的伤害。针对这一现状，许多汽车厂商都着手开发出车载辅助驾驶系统，此系统的功能之一就是要对车辆周围的人进行实时检测，观察并且跟踪他们的运动及位置，只要有危险的情况发生，就会第一时间通知驾驶员要应对的措施或者自行采取紧急措施。而其另一个功能则是对车内人员的情况进行观察。人是辅助驾驶系统中最为重要的观察对象。因此，人脸检测与识别的车载视频技术就能够将车载摄像头的优势发挥出来,比如利用后视镜上的摄像头对驾驶员的疲劳程度进行实时检测,以便减少不必要的交通事故。

(2)智能视频监控。以前的监控是利用人工监视摄像头来完成的,这样不仅耗费了大量的人力,而且对一些突发性的事件还要记录,伴随时间的不断增长,人工监视的注意力就会下降,就会出现误报及漏报的情况。

目前,像银行、学校和研究性机构等对安保要求较高场所的监控系统,其优点就是能够实时并准确地反馈摄像头所覆盖范围内的信息,这种监控系统要让监控人员通过观察电视屏幕对所观察到的视频信息人为地进行分析,很明显这项工作的任务量是特别大的。因此,智能化的研究尤为迫切。

智能监控系统会在没有人进行观察的时候,对拍到的视频做自处理及自判断,完成动态环境中运动物体的检测与识别,而且会对行为做进一步判断,当发生不正常举动时能快速做出反应。由此可以看出,智能监控系统具有数字化、远距离传输与高效稳定等优点,在一些对安全级别要求很高的场所,这时候除了出入卡、通行证等证明外,还需利用生物特征建立一套完整的门禁系统,其中就包含譬如人脸、身高、肤色等视觉类信息,通过跟数据库中已有信息做对比来判定访问者是否可以进入此场所,这也是目前一些国际会议与工作小组的研究内容。

(3)智能交通。伴随着汽车的保有量越来越多,许多大城市出现交通堵塞和发生交通事故的频率不断上升,鉴于这一问题,智能交通的发展就是解决这些问题的核心所在。智能交通要做的就是对车流量、车辆异常行驶、行人行为判断等进行检测与跟踪,并及时报警告知驾驶员做出应急反应。

(4)视频与图像压缩。对有人脸的视频与图像,可以通过人脸的边缘检测、肤色检测、五官特征检测等完成人脸的定位,进而对视频与图像进行压缩,可以在很大程度上减少人脸部的储存空间,从而能够完成较远距离的传输。

## 1.2　人脸检测与识别的国内外研究现状

人工智能模式识别是现今研究的热点话题,而国内外专家对人脸检测与识别的研究也越来越深入,就目前来看,在这个领域研究较好的国家有美国、英国、日本等,而且全球知名大学或研究部门也在投入大量研究,例如:MIT 的 AI laboratory、Media laboratory,英国的剑桥大学工程系等。由于许多国家起步比较早,现在也已经有了相关较成熟的产品。Open CV 是 Intel 开发的开源工具,这种开源的工具将会吸引更多的研究人员参与到人脸检测与识别技术的工作中来,促进了人脸检测与识别的发展。

随着现代科技的不断发展与创新,每个国家的安全意识都在提高,美国作为发展较为快速的国家,在人脸的检测与识别领域已经从事了多年的研究,动用了很大的人力、物力,也因此出现了关于人脸检测与识别的大量算法,在 20 世纪末,美国研究人员对这个时期出现的各类算法进行了大量的推敲与验证,大多数的验证结果都是让人满意的,此时这些让人满意的检测与识别算法都是对大量的人脸静态图像做检测和识别。当然,检测率与识别率也是能够满足当时的科技和生活的实际水平的。与此同时,德国一家大公司在此领域建立了较大规模的人脸库,研发出了一个人脸检测与识别系统。在亚洲,日本在此领域处于较高水准,由 Esolutio 研发的人脸系统,成为那个时候的一个热门话题。我国对人脸识别的研发开始得相对较晚,起始于 20 世纪 80 年代,经过这几十年的研发,获得了许多突破性的成绩。并且我国从 20 世纪 90 年代至今,国家启动“863”计划、自然科学基金等对研究工作予以资助,我国许多高校(如清华大学、上海交通大学、哈尔滨工业大学等)和研究院展开了对人脸的探索。国内举办许多相关学术交流会议,也促使了这方面的研究进程。中国科学院对我国模式识别方面的发展贡献巨大。但就人脸的研究整体而言,我国的研究工作还主要集中在较正面的人脸,为了达到国际领先水平,还要在更多的人力、物力支持下进行研究。

我们在认识一个人的时候,最先记住的就是这个人的长相,最主要的一个原因就是人脸是我们将一个人与另一个人进行区分的最简单和最直接的方式。对于我们人来说,这是比较容易的一件事情,但对计算机来说,这将是一个非常复杂的过程。原因是人脸是非刚体的,无时无刻都会出现细微或较大的变化,比如表情的变化、胖瘦的变化、肤色的变化等,这些非线性变化使得人脸检测与识别变成了极其复杂的探索话题。

目前的人脸检测与识别大多是在特定条件下实现的,还不能达到像我们人一样在许多恶劣环境下的高精度和高速率检测与识别工作。因此,我们所面临的难点还是很多的,主要概括为以下几个方面:

(1)光照问题。人脸图像的采集存在很大的不确定性,会受到很多客观因素的影响,例如天气、光源的方向、色彩、拍摄设备、光强等,这些因素都会在不同程度上造成人脸图像的灰度分布不均,从而会极大地影响后续人脸检测与识别的效果。

(2)姿态问题。关于人脸姿态改变的探索比较少,因为现在大多数都是对正面或准正面的人脸图像进行检验,在发生大幅度旋转、侧度过高等情况时,会对研究带来非常大的困难。

(3)遮挡问题。遮挡问题将是一个很严重的问题,因为公共场所的摄像头拍摄的人脸图像都是在非配合状态下完成的,所以经常会拍到戴围巾、口罩等遮盖脸部特征的图像,这将是造成特征没办法提取和识别的一个重大的问题。

(4)图像质量问题。人脸图像的来源多种多样,采集设备的不同、时间长短不同，得到的人脸图像的质量也会不同，特别是低分辨率、质量差（如年代久远的照片、远程监控拍摄的图像等）、大噪声的图像，都会给研究带来巨大的难度。

## 1.3 人脸的检测与识别技术

人本身对事物都有非常强的识别能力，能很容易地对成百上千张人脸进行记忆与识别，但这件事情如果让计算机来做，就显得非常困难。人脸图像会受到表情、环境、旋转角度等许多方面的影响，而随着模式识别人工智能的不断发展和国家安全发展的迫切需求，人脸图像检测与识别这项非常有意义的研究工作就显得尤为重要。

### 1.3.1 人脸的检测与识别概述

人脸相较于人的其他生物特性来说，是个有一定规律可循的视觉样式，既有内在的特点，又有各种各样的约束条件，这也使得我们的研究工作变得有章可循，进而出现突破性的进展。

人脸检测（Face Detection）说的就是在所给定的任意静态的人脸图像或者动态的人脸视频之中，通过特定的方法对其进行检索，判定其中是否包含人脸信息。若有，则对人脸的大小、位置、数目等信息进行标记；若没有，就返回没有人脸的信息。这个过程是进行其他后续工作（如人脸识别、追踪等）的基础，其主要目的就是将所输入的图像分为人脸区域和非人脸区域。正因为人脸检测是开展后续工作的关键的一步，所以它的准度与恒定性就显得至关重要。人脸识别（Face Recognisation）的核心就是利用我们已知人脸对未知人脸的归属进行判断和比对。首先，我们要采集人脸图像，建立人脸库，有了相对完整的人脸库之后，再把库中没有的待识别图像和库中的图像做比对，使待识别图像和库中某个图像对应起来,这样就完成了人脸的识别过程。也就是说,人脸检测是通过人脸的共同特性对人脸区域做筛选,属于类别判断。而人脸识别强调的是人脸之间的个体差异,利用这个差异得出所要识别的人脸图像是属于某个人的人脸图像,属于个体判断。

### 1.3.2 人脸的检测与识别的特点

(1)便捷性。

通过当前研发的一些人脸检测与识别系统,能够在人们自身毫无察觉的情况下完成对目标的检测与识别,这样不但减少了许多不必要的麻烦,也使得工作人员的工作变得更加有效。

(2)恒定性。

每个人都是一个独立的个体,当然人脸特征也就各有特点、各不相同,所以人脸的特征具有恒定性,不会有两个目标人脸的特征是完全相同的,这也就给目标人脸的确定带来了便利,也正是我们当前把人脸作为身份验证的主要原因。

(3)直接性。

人脸作为人的最直观的特征,它不像指纹、虹膜等容易隐蔽,用人脸作为身份认证会使得身份识别更快,无论是安检、公安侦查等都是直接而有效的一种方式,也是最容易让人接受的一种方式。

## 1.4 人脸识别中的模式表示与模式分类的研究

### 1.4.1 人脸识别中的模式表示

从模式样本的原始信息中提炼出最有利于模式分类的有效信息的过程通常称为模式表示或模式特征抽取。获取鲁棒的人脸表示以解决复杂条件下的人脸识别问题一直是一条公认的有效途径。国内外关于鲁棒人脸表示理论与方法的研究如火如荼。近年来,稀疏表示、表示学习及大数据研究的相关进展,更为人脸图像表示研究领域注入了新鲜血液与发展动力。一般来说,对人脸图像表示方法的研究可简单地划分为两类:基于几何特征的表示(Geometric Feature - Based Representation)方法和基于表观特征表示(Appearance - Based Representation)方法。

#### 1.4.1.1 几何特征表示

基于几何特征的表示方法是以人脸的面部特征点(如眼、鼻等)的形状和几何关系为基础,通过计算特征点形状及分布的几何参数来区分不同的人脸。基于几何特征的表示方法简单、直观、易实现且理论基础明晰。

Bledsoe 首先提出了基于人脸特征点的间距、比率等特征描述因子。通常,这些特征的提取是手工完成的。Kelly 在 Bledsoe 所提框架的基础上,提出一种自动提取这些特征的方法。1977 年,Kanade 提出用几何量作为人脸的特征,这些量包括眼角、嘴角、鼻子、下巴等点之间的距离及它们所成的角度。Buchr 等进一步提出用图表示法和描述树法描述人脸,并给出了 33 个主要特征与 12 个次要特征。Yuilk 提出了包括头发、鼻子、嘴用弹簧连接边缘的全局人脸模板,抽取出眼睛与嘴。Craw 提出了更加复杂的人脸模板,包含了头发线条、眼睛、眉毛、鼻子、嘴和面颊。至此,几何特征表示框架基本成型。其他相关的工作更多关注于如何集成、选择这些特征以获得更好的识别结果。

总体来说,早期的几何特征表示为人脸识别走向自动化奠定了基础,促进了自动人脸识别技术的发展。然而,几何特征表示在复杂环境识别问题中具有天然的劣势,如对于姿态变化、表情变化的识别问题,几何特征难以表达类内变化,从而变得不够稳定,有效性和可靠性无法保障。因此,基于几何特征表示方法的研究在后续的鲁棒人脸识别发展中几乎停滞。近年来,随着多媒体硬件的发展，如高清数字电视（HDTV）以及数码相机（Digital Cameras）的涌现，我们很容易获取更高分辨率的图像，这使得我们可以在更精细的粒度上提取几何特征，描述人脸。具体地讲，不同于低分辨率图像只能提取人脸轮廓、五官等大粒度特征，高分辨率图像可提取诸如痣、疤痕、毛孔以及毛发等更加精细的特征。另外，在三维处理技术上取得的巨大进步使得三维人脸识别技术成为人脸识别领域中一个相当活跃的分支。总之，几何特征表示正逐渐度过低谷期，再次在人脸识别领域显示出其活力，并得到了一定的研究。

#### 1.4.1.2　表观特征表示

图像的表观特征表示指的是直接利用图像像素值及其分布或在像素值上的变换对图像进行描述。Hong 将表观特征表示进一步细分为基于像素的统计特征的表示、基于变换系数特征的表示和代数特征表示。Brime 和 Poggio 对几何特征表示和表观特征表示的人脸识别方法做了对比研究，结果表明基于表观特征的识别方法可获得不错的识别结果。

1. 基于像素统计特征的表示

Kirby 和 Sirovich 最先在 KL 展开的框架下讨论了基于表观的人脸图像的最优表示。研究表明，任意给定的图像都可以近似地用本征图像线性表示，对于人脸图像，每幅图像的线性表示系数可以作为该图像的特征。Turk 和 Pentland 由实验人脸数据库中的人脸图像得到一个平均人脸图像，然后计算每个人脸图像与平均图像的差异，进而对所求出的样本散布矩阵做 KL 变换得到本征脸。在获得本征脸后，将每幅人脸图像投影到每个本征脸上，人脸图像就可以用一个权值矢量来表示。事实上，本征脸方法等同于寻找一组使得所有人脸重构误差最小的一组基，即假设所有的人脸位于由这组基本张成的线性子空间内。本征脸方法的提出拉开了子空间人脸识别方法的序幕，从此，人脸识别领域进入了子空间学习的时代。

对于复杂模式来说,线性模型过于简单了,以至于无法反映复杂模式的内在规律。理论与实验都证明,复杂模式的特征之间往往存在着高阶的相关性,因此观测数据集呈现明显的非线性。为了适应这一特征,有必要将本征脸向非线性推广。KPCA (核主分量分析)是一种成功的非线性主分量分析方法,它旨在将输入空间通过非线性函数映射到更高维特征空间,并在高维特征空间中应用 PCA 方法。KPCA 通过核技巧能够成功地将非线性的数据结构尽可能地线性化,其局限性在于它的计算复杂度。对于全局结构非线性的数据来说,从局部看,数据可以呈现出线性性质,因此用来描述数据的局部线性结构的局部 PCA 方法吸引了研究人员的兴趣。Liu 与 Xu 借助于 Kohenen 自组织映射神经网络提出了拓扑局部 PCA 模型,该模型能够利用数据的全局拓扑结构与每个局部聚类结构。

特征脸的求取严重依赖于样本散布矩阵的构造,而数据中孤立点的存在使得特征脸方法面临巨大的挑战。Xu 等假定所有的数据样本都是孤立样本,通过利用统计物理方法,由边际分布定义出能量函数,建立了鲁棒 PCA 的自组织规则。Torre 与 Black 提出了能够学习高维数据的线性多变量表示的 Robust PCA。Burton 和 Zhao 分别利用平均技术和对数平方误差准则得到人脸图像的 Robust PCA 表示。还有一些方法是利用投影追踪(Projection Pursuit)技术。

另外,传统的 PCA 技术是基于矢量的,而直接基于二维图像构造协方差矩阵并保持图像的像素结构信息的技术引起了广大研究人员的关注。针对这一问题,Yang 等提出了一种快速有效的二维主成分分析(two - dimensional principal component analysis, 2DPCA)方法。2DPCA 的提出引起了众多研究人员的极大兴趣,不时可看到新的研究成果发表。例如,借鉴 2DPCA 的思想,利用一般的低秩矩阵逼近的方法对图像矩阵进行双边的维数约减。还把 PCA 延伸到稀疏情况,提出了稀疏的主成分分析(SparsePCA, SPCA)。

从根本上讲,本征脸方法的目标是寻求高维空间图像模式的一个最优的低维表示,而这对于人脸识别问题来讲未必是一个高效的方法,因为好的表示未必具有鉴别能力。因此,在人脸识别中更多地将 PCA 作为一种预处理方法,既可以降低图像的维度,又可去除一部分噪声干扰。

基于像素的统计特征进行表示的另一代表性工作是 Fisher 线性鉴别分析(FLDA),该方法的基本思想是寻求一个子空间使得类内样本距离尽可能小而类间样本距离尽可能大,因此 LDA 比 PCA 更适合解决识别问题。Belhumeur 等进一步发展的 Fisher 脸(Fisherface)方法已成为人脸识别领域的经典方法。LDA 的主要思想是选择使得 Fisher 准则函数达到极值的向量作为最佳投影方向,从而使得样本在该方向上投影后,达到最大的类间离散度和最小的类内离散度,换言之,就是找出使得类间散度和总体样本散度比值最大的线性子空间。为此,LDA 首先定义两个量,并用于度量所有类内与类间数据间的关系,这两个量分别是:①类内散度值,其度量的是类内的紧致性;②类间散度值,其度量的是类间的可分性。通常在某个方向上,低维特征类内散度值越小越有利于分类,而类间散度值越大则越有利于分类。因此,一个理想的全局性度量(准则)就是最大化低维特征的类间散度值与类间散度值的比。特征的类内离散度越小,类间离散度越大,它的分类性就越强;Fisher 准则就是根据这一思想进行特征提取。采用单个特征的 Fisher 判别率作为准则,计算每一个特征的准则值,然后从高到低排列这些特征,选择分类能力强的特征,去除分类能力弱的特征,从而达到识别目的。

针对 LDA 存在的一些问题,国内外学者展开了大量的研究。提出了增强的线性鉴别分析方法(Enhanced Fisher Linear discriminant model,EFM)。提出了统计不相关的鉴别分析,即提取的特征向量之间是统计不相关的。此外,还有基于图像矩阵的2DLDA、降低LDA数据分布要求的边界Fisher鉴别分析(Marginal Fisher Analysis,MFA)等。最近,Line等结合稀疏学习提出了稀疏鉴别分析。Cai等结合向量的谱特征和稀疏回归,提出了基于局部几何的稀疏子空间学习算法框架。除此之外,还有基于核的核Fisher鉴别分析(KFDA)等。Yang等还揭示了核线性鉴别分析的本质就是KPCA与LDA的组合。

流形学习就是利用数学中流形的基本假设和性质研究高维空间中数据分布,寻求数据的低维空间表示,进而达到维数约减的目的。这一方法仍然在基于像素的统计特征的表示范畴之内。模式识别领域的流形学习开始于2000年Seung等在《Sicence》上发表的工作。目前,比较经典的流形学习方法包括局部线性嵌入(Locally Linear Embedding, LLE)、Laplacian Eigemnaps、扩散映射(Diffusionmaps)等算法。尽管这些方法较好地保持了数据的局部几何结构,但仅局限在训练样本上,为了完成对训练样本之外的测试样本进行维数约减,局部保持投影(Locality Preserving Projections,LPP)方法应运而生。该方法是Laplacian Eigemnaps的一个线性化方法,其基本思想是在低维空间尽可能地保持数据在高维空间的局部几何结构。随后,提出了无监督判别投影(Unsupervised Discriminant Projection,UDP)方法,目的是寻找一种最大化非局部散度同时最小化局部散度的投影。此外,在LPP的基础上还涌现出了一系列的维数约减算法。最近,wang等提出了流形-流形距离(Manifold-Manifold Distance,MMD)的理论框架,并成功地应用到了基于图像集的人脸识别问题中。

全局的图像特征提取方法在面对图像局部的细节变化时,难以表现出优越的性能。为了得到鲁棒的局部特征,众多学者提出了一系列的局部特征提取方法。这里的局部统计方法包含两方面:面向子空间的局部统计方法和基于局部梯度直方图的统计方法。面向子空间的局部统计方法包括局部特征分析(Local Feature Analysis, LFA),该方法提取的特征不仅是局部的,同时保留了全局拓扑结构。在非负矩阵分解(Non - negative Matrix Factorization, NMF)的基础上,加入局部性约束,提出了局部的非负矩阵分解。此外,提出局部显著的独立成分分析(Locally Salient ICA, LS - ICA),该方法在人脸图像存在遮挡和局部变化时表现出了较好的性能。局部二值模式(Local Binaiy Pattern, LBP)是这类方法中最具代表性的一个工作。LBP 是由 Ojala 等提出的,目的是解决图像的纹理分类问题。随后,Ahonen 等将 LBP 引入人脸识别领域,并取得了较好的识别性能。在最近十年,国内外学者在 LBP 的基础上发展出了很多方法。通过一种特殊的采样方式对局部微小区域间的差异进行编码,提出了 TPLBP(Three - patch)和 EPLBP 这两种图像特征提取方法。此外,研究者还从其他角度来刻画图像局部特征,提出了基于图像局部视觉基元的人脸特征提取方法。提出了基于学习的人脸图像描述方法。Monogenic 二值编码的局部特征提取方法在人脸识别中也得到了较好的结果。局部图像描述方法称为局部张量模式(Local Tensor Pattern, LTP)。与 LBP 相比,LTP 面对噪声变化更加稳定。

Vinje 和 Gallant 在 2000 年《Sicence》上发表的研究成果通过记录短尾猴Ⅵ区在开放的和模拟的自然场景下的神经细胞响应,验证了视皮层(Ⅵ区)神经细胞用稀疏编码有效表示自然场景,稀疏编码用最小冗余度传递信息。Olshausen 和 Field 提出了稀疏编码模型,通过寻找自然图像的稀疏编码表示,使稀疏编码网络学习得到类似于简单细胞感受野的结构。Hyvarinen 和 Hoyer 应用一个两层的稀疏编码模型来解释类似于复杂细胞感受野的存在和简单细胞的拓扑结构。2003 ~ 2004 年,Donoho 和 Elad 证明了稀疏优化模型有唯一解的条件。2006 年,华裔数学家 Terrence Tao 和

Donoho 的弟子 Candes 合作证明了在满足 RIP 条件下,L0 范数优化问题与以 FL,范数优化问题具有相同的解,至此,稀疏表示的理论基础已经奠定。2009 年,Wright 等基于稀疏表示理论提出了一个鲁棒的人脸识别方法并受到了广泛的关注。该方法直接利用已知的人脸图像稀疏线性重构表示待分类图像,在处理光照和遮挡识别上获得了相当高的识别率。基于该框架,后续一系列的方法被提出来,或者增加先验约束,或者对表示字典进行编码。稀疏表示方法本质上仍在基于像素的统计特征的表示范畴之内,然而这种表示方法处理模式识别问题的理论基础仍然是一个开放的问题。

从发表文章的数量和年份跨度上看,基于像素的统计特征的表示方法引领了人脸识别领域近 20 年。同时,这也是统计模式识别飞速发展的 20 年。然而,受限于统计方法的根本缺陷,如很难获得大量的训练样本、缺乏处理高维数据和非线性数据的工具等,此类方法在解决非受控条件下人脸识别问题中依然面临着巨大的挑战。

2. 基于变换系数特征的表示

针对非受控模式下的人脸识别问题,一个直观的思想是直接移除干扰信息。然而,在直观的像素域上很难提取并处理这类干扰信息。因此,相当多的工作关注于在变换域上处理该类问题。频域变换的方法是指将图像变换到频域后,应用频域表示系数作为图像特征,是我们最常使用的一类变换域方法。人脸识别中的频域变换主要包括两种方法:离散余弦变换(Discrete Cosine Transform,DCT)和离散傅立叶变换(Discrete Fourier Transform,DFT)。两种方法具有相同的频域图像属性:低频部分表示细节特征,高频部分表示整体特征。利用 DCT 变换的部分系数作为特征刻画人脸图像,得到了与 PCA 相似的结果。为了同时考虑人脸图像的全局信息和局部信息,Su 等利用 LDA 从图像傅立叶变换的低频特征里提取判别性特征,并与局部特征进行融合来解决人脸识别问题。此外,利用 Gober 小波变换进行人脸识别也得到了广泛的应用。

3. 基于代数特征的表示

代数特征是由 Hong 提出的一种由图像本身的灰度分布即灰度矩阵所确定的特征,它描述了图像的内在信息。代数特征一般由各种代数变换和矩阵分解进行抽取。Hong 最先提出由灰度图像的奇异值分解得到的奇异值向量作为该图像的代数特征,并在数学上证明了该特征的一些优异的性质。Guo 进一步将图像矩阵与其图像矩阵的转置的乘积作为图像的代数特征描述进行人脸识别,并给出了该代数特征在数学上的一些优异性质。然而,作为一种最为直观的特征,代数特征的物理意义并不明确,缺乏代数特征表示设计的指导性原则。大量实验表明,当前的一些代数特征并不能获得好的识别结果。因此,代数特征表示逐渐淡出了人脸识别研究人员的视野。

综上所述,图像的表示方法发展是极其不平衡的,大量的工作集中在基于像素的统计特征的表示框架上,这与模式识别的技术进展以及当时所需要解决的问题要求有关。然而,这些表示策略并非毫无关联的,将这些表示方法进行组合表达早已成为趋势。另外,学者们注意到现有的表示方法一般仅针对客观对象的当前观测或针对当前观测的变换刻画对象。换句话说,这些方法获得的只是待识别对象的单个或少数观测,不具备充分表达该对象的能力。目前,针对该问题学术界主要存在两种解决策略:一种是特征融合,即对同一观测将不同的特征抽取算法得到的特征加以组合或融合。然而,如何将异质特征加以融合是该策略的关键及难点。另一种策略是将识别问题转化为模式描述问题。该策略不再直接依据某一观测判定待识别对象的身份,而是先获取对该观测的属性描述,然后加以识别。然而,模式属性描述问题似乎是一个更加困难和复杂的问题。

总之,人脸图像模式表示的研究内容随着时代发展而不断变化。新理论、新技术和新方法不断融入该主题,促进人脸识别朝向其最终目标不断靠近。众多表示方法的涌现即反映了研究者们对该领域投入了较多的精力和极大的研究热情,但也同时折射出表示方法设计一般原则的缺失,大多数表示方法的出现依靠的是研究者们天马行空的猜想及天才般的洞见力。

## 1.4.2 人脸识别中的模式分类

模式分类问题一直是模式识别与机器学习研究的核心问题。在人脸识别中,研究者通常将其转化为一个多分类问题加以研究。实际上,分类方法在人脸识别系统的各个阶段都扮演着至关重要的角色。

### 1.4.2.1 最近邻分类器

人脸识别领域最流行的分类器莫过于最近邻分类器(Nearest Neighbor based Classifier,NNC)。1967 年,Cover 和 Hart 从理论上证明了最近邻分类器的错误率上界,即独立于度量方法,在样本充足的情况下,最近邻分类器的错误率上界为两倍贝叶斯错误率。从此,基于最近邻规则的各种分类方法如最近邻线(Nearest Neighbor Line,NNL)、最近邻面(Nearest Neighbor Plane,NNP)、最近特征线(Nearest Feature Line,NFL)、最近特征子空间(Nearest Feature Subspace, NFS)等相继被提出并应用于人脸识别任务中。其中,NNL 方法在每个类上利用线性回归寻找两个样本表示待测图像,NNP 将其扩展到利用三个样本表示待测图像。此外,还有利用更多类样本的人脸表示分类器,如最近邻子空间分类器和线性回归分类器。NS 利用三个以上的类样本表示待测图像,LRC 使用每个类的所有样本表示待测图像。一般来讲,上述方法都是要在每个已知类上找到测试样本的合适的表达,继而验证哪个类可给出测试样本的最优表达，最后将待测样本归于该类。尽管如此，如何利用有限的已知样本和最近邻规则更好地完成分类任务，依然是人脸识别中具有挑战性的问题之一。

事实上，最近邻分类器的核心是相似度度量。度量学习即是从该角度提升最近邻分类器的性能所带来的一个新的研究方向。度量学习指的是通过学习获得一个能提升分类能力的相似度度量。马氏距离和白化余弦距离就是两种常用的基于度量学习的相似度度量。这两种距离都是利用已知样本的协方差矩阵获得有利于分类的信息，从而提升最近邻分类规则的分类能力。

#### 1.4.2.2 支持向量机

支持向量机(Support Vector Machine, SVM)是由 Vapnik 等在统计学习理论基础上提出的一种分类算法，其主要思想可概括为两点：一是它通过核方法将低维线性不可分的样本转化成高维空间的线性可分样本，同时可克服小样本问题；二是它基于结构风险最小化理论，可得到全局最优解，并使得整个样本空间的期望风险值、概率满足一定的上界，从而获得最佳的泛化能力。鉴于 SVM 优异的性能，其应用在人脸识别系统的各个阶段都可见到。最早提出将 SVM 应用于人脸检测，并给出了具体的实现方法，在超过 50 000 幅图像上的实验结果表明，基于 SVM 的人脸检测方法可获得优异的检测性能。随后，基于 SVM 的人脸检测的工作逐年增加，这些工作结合高效的表示方法以及 SVM 上的新进展，进一步提升检测效果。提出将 SVM 用于人脸识别的决策。由于人脸识别问题是一个多分类问题，而 SVM 是一个 2 分类分类器。因此，该文首先将人脸识别问题转化为不同子空间问题，进而使用 SVM 分类。2010 年，Sang 等结合 LDA 与 SVM，设计了一个高效的特征抽取的方法并将其应用于人脸识别。此外，Huang 等还将 SVM 应用于人脸姿态鉴别中，并获得良好的结果。

#### 1.4.2.3　Boosting

Boosting 是一个通过集成弱可学习算法进而获得更强分类能力算法的分类策略。Boosting 通过计算多个弱可分类器的线性加权权重,将其组合形成一个最终的分类器。具体的加权和组合方式依赖于特定的 boosting 策略,如 AdaBoost。Boosting 分类方法通常还集成了特征选择过程,具有计算复杂度低、灵活、快速、容易实现等特点。然而,Boosting 需要大量的训练样本,很难处理多分类问题。类似于 SVM,Boosting 主要应用于目标检测。

#### 1.4.2.4　贝叶斯分类器

人脸识别中的贝叶斯分类器(Bayesian Classifier)由 Moghaddam 等于 2000 年提出,其核心思想是将人脸识别问题转换为一个可区分高斯分布类内变化和类间变化的 2 分类问题。贝叶斯分类器是一个概率模型,可有效地将干扰信息从鉴别特征里分离出来,进而降低模型复杂度。大量实验表明,贝叶斯分类器在人脸识别中可获得相当有竞争力的性能。

#### 1.4.2.5　稀疏表示分类器

近年来,稀疏表示在图像处理领域的成功应用引起了众多学者的关注。2009 年,Wright 等基于稀疏表示理论提出了稀疏表示分类器(SRC)并受到了广泛的关注。该方法直接利用已知的人脸图像稀疏线性重构表示待分类图像,在处理光照和遮挡识别上获得了相当高的识别率。但是,受限于其范数优化方法的进展,SRC 的计算代价过高。给出了一个基于 Gabor 遮挡字典的稀疏表示分类方法,利用 Gabor 特征降低 SRC 的计算代价。从信息论的角度,提出了最大相关性准则的稀疏表示方法(CESR)。为进一步提升稀疏表示在处理人脸遮挡和伪装问题的鲁棒性,借鉴鲁棒回归的思想提出了鲁棒的稀疏编码分类器(Robust Sparse Coding, RSC)。在稀疏表示框架下引入马尔可夫随机场,并验证了该方法的有效性。提出了一种结构稀疏误差编码模型(Structure Sparse

Error Coding, SSEC),在极端遮挡条件下获得了较好的识别结果。为提升稀疏表示分类器的性能,研究者从字典学习和扩展的角度进行了尝试。提出了利用 K - SVD 算法迭代更新字典中的基,以便字典能更好表示待测样本。基于 Fisher 准则的字典学习算法来提升稀疏表示方法的分类性能。构建光照字典提升稀疏表示分类器识别光照变化人脸图像的能力。此外,还有大量的基于稀疏表示的识别方法涌现出来。

#### 1.4.2.6 人工神经网络

人工神经网络(Artificial Neural Networks, ANNs)是一种模仿动物神经网络行为特征,进行分布式并行信息处理的算法。20 世纪 90 年代前,研究者们投入了大量精力研究人工神经网络。在人脸识别中,大量基于 ANN 的方法被提出解决人脸检测或人脸分类问题。随后,由于人工神经网络固有的弱点,人们对其研究的热情逐渐被 SVM 所取代。最近,对深度学习(表示学习)的研究使得人工神经网络重新成为机器学习研究中的一个热门领域。它模仿人脑的机制,通过组合低层特征形成更加抽象的高层特征来表示数据。深度学习的概念由 Hinton 等提出,主要特点是在深信度网上采用非监督逐层训练算法。随后,Lecun 等提出的卷积神经网络成为第一个真正可以运行的多层结构学习算法,它利用空间相对关系减少参数数目提高训练性能,特别适合处理图像的表示学习问题。鉴于深度学习在语音识别以及计算机视觉上的巨大成功,研究人员将其引入以解决人脸识别问题。Tang 等提出的 DeepIDs 方法以及 Facebook 的 DeepFaceti 在 LFW 人脸库上均取得了令人振奋的识别结果。然而,表示学习方法尚处于探索和尝试阶段,获取的表示缺乏对目标对象的直观解释,还没有形成一个统一的框架模型,且尚有诸多关键理论和应用问题需要深入研究、解决。

# 第 2 章　人脸识别综述

## 2.1　人化识别系统

人脸识别技术是一项集计算机视觉、图像处理、模式识别等领域知识的交叉学科，是目前非常热门的研究领域。人脸识别技术之所以得到广泛的关注，是因为在多种生物特征识别方法，例如指纹识别、虹膜识别、DNA 识别、签名识别等当中，人脸识别是最通用的、非接触式的，并且最容易获得的生物特征，因此人脸特征天然具有非常友好的人机交互方式，在远程控制、生物特征加解密、犯罪监控等领域有着广泛的应用。

从广义上讲，人脸识别系统包括从前期采集到后期处理的一系列流程，包括图像采集、人体检测、人脸区域检测、人脸定位、人脸图像预处理、特征提取及分类识别等。

### 2.1.1　预处理

预处理是提高人脸图像最终识别率的非常重要的一个部分。由于照相或者摄像时外界条件的限制，获取的图像可能存在一些问题，例如：不够清晰、对比度低、噪声大或者光照条件的影响等。这些外界环境或者设备的问题给获取的图像带来了很多问题。在预处理阶段，我们可以通过去噪、滤波等手段，为后续图像的处理提供清晰的原始图像。而在预处理阶段，最为重要的是对光照条件的处理。不同的光照条件会对人脸图像产生非常大的影响，同一人脸在不同光照条件下的差异甚至会大过不同人脸之间的差异。

### 2.1.2　特征提取方法

特征提取是人脸识别系统中的核心部分。对于计算机而言，人脸图像表现为像素的灰度值矩阵，从一个灰度值矩阵中如何提取对于最终识别最为有效的信息一直是人脸识别中的重点。外界环境例如光照、表情、姿态、局部遮挡等各种因素会干扰图像信息的有效性，这些干扰信息使得同一人脸的不同样本之间的差别很大，即类内差异很大，有的时候甚至大于不同人脸之间的差异，即类间差异。类内差异比类间差异更大的情况带给人脸识别极大的困难。特征提取就是要从不同的人脸图像中提取出最具区分度的信息，这类信息往往通过对人脸样本进行学习而得来。

### 2.1.3　分类识别

分类识别过程就是一对多的对比过程，即通过将计算出的人脸特征向量与数据库中已有的已知身份的特征向量进行对比，从而确定待测的特征向量属于哪一类。在这一过程中，分类器的性能好坏决定着最终识别率的高低，好的分类器能够更加准确而快速地找到训练数据的内在模式，从而进行更好的分类。

## 2.2　光照预处理方法

在预处理这一阶段，最为重要的是光照预处理方法。实验表明，在人脸识别系统中，光照对于识别率的影响是最大的，不同的光照条件会使得人脸图像的类内差异大于类间差异。为了消弱光照变化对于人脸识别的影响，人们提出了很多解决人脸识别中光照问题的方法，这些算法可以根据原理的不同分为四类：①光照变化模型；②光照不变量法；③光照归一化法；④3D 变形模型法。

### 2.2.1 光照变化模型

光照变化模型是基于这样一个事实:训练集中属于同一人的不同图像可以构成一个低维光照子空间,该子空间可以覆盖人脸在不同光照下的各种变化,测试的时候即可以看人脸图像是否落在该子空间内。

#### 2.2.1.1 线性子空间法

Hamnan 提到用 5 个特征脸就可以表示广阔光照条件下的人脸图像。也指出基于朗伯(Lambertian)模型,如果给出 3 幅线性独立光源下的图像,则可以形成 3D 线性子空间,所有的未知光源都可以用这 3 个已知的线性独立光源的叠加来表示,从而恢复出不受光照条件影响的人脸原图。Fisherface 方法也是通过构建低维子空间的方式进行人脸识别,最大化类间差异,最小化类内差异,通过这种方式,发现得到的主成分的前几个分量几乎完全反映了光照条件的影响,故去除前几个分量就可以得到与光照关系不大的图像。Batur 和 Hayes 提出了一种分割的线性子空间法来生成对阴影有很强鲁棒性的 3D 线性子空间模型,在该模型中,每一张训练集中的图片都被分割为若干个子块,然后对每个子块都建立自身的线性子空间,这样的分割使得在正常光照下的子块不会受到处于阴影下的子块的影响。

#### 2.2.1.2 光锥法

Belhumeur 和 Kriegman 证明了对于一个满足朗伯表面特性的凸物体而言,固定视点下观察到的不同光照条件下的所有图像可以构成一个光锥(illuminationcone),该光锥至少由 3 幅不同光照条件下的图像构成。Geoghiades 提出了光锥法在人脸识别中的应用。虽然光锥法能够有效地消除不同光照条件对人脸识别的影响,但是光锥法具有两个明显的缺点:一是光锥法需要多幅固定视角、不同光照条件下的人脸图像,这在实际使用中并不现实;二是光锥法的计算复杂度很大。

#### 2.2.1.3 球谐函数法

球面谐波模型最早由 Basri 和 Hanrahan 提出,同时期的 Ramamoorthi 和 Hanrahan 也提出了相同的想法。球面谐波模型的基本思想是指利用谐波球面函数推导证明任意光照条件下的朗伯凸表面可以由9个球面谐波基图像张成的子空间表示。Lee 也提出了9D线性子空间法。近来,Qing 对传统的球谐函数法做了改进。但是,球谐函数法仍然面临着三维建模和阴影投影这两个方面的问题,使得球谐函数法很难应用到实际的系统中。

### 2.2.2 光照不变量法

光照不变量法是指从图像中提取受光照影响较小或者不受光照影响的特征,用来进行人脸识别。光照不变量法可以用在特征提取和识别分类之前,消除或者减少光照条件对人脸识别的影响。国内外的研究者在提取光照不变量方面做了大量的工作,提出了很多的方法。

线化边缘图(yine edge map)是 Gao 和 Leung 提出的光照不变量提取法,图像边缘的像素点集合成线段,Hausdorff 距离被用来测量两条线段之间的相似度。指出对于人脸图像来说,图像精度的分布是人脸的本质特征,因此人脸图像精度是光照不变量。在此基础上,Wei 和 Lai 与 Yang 等提出了相对图像精度法,相对图像精度的图像微分 $\overline{G}(x,y)$ 可以定义为:

$$\overline{G}(x,y) = \frac{|\nabla I(x,y)|}{MAX_{(u,v)} \in W_{(x,y)} |\nabla I(u,v) + C|} \tag{2-1}$$

式中,$I(x,y)$ 为原始图像的像素点;$\nabla$ 为微分符号;$W_{(x,y)}$ 为以像素点 $(x,y)$ 为中心点的局部窗口;$C$ 是一个常量,用来防止分母为零。

Zhao 和 Chellappa 提出了一种基于阴影对称形状的光照不敏感人脸识别法。该方法利用人脸的对称性以及所有人脸形状的一些共性,从单一的训练样本中提取一个光照归一化的人脸原型。文中指出用该方法提取出的光照不敏感人脸原型进行识别可以达到很好的效果。

Sim 和 Kanade 也提出了一种从单一训练样本中建立阴影模型的统计方法,从而用该模型去生成同一人脸在新的光照条件下的图像。在该方法中,人脸表面的反射叫 $i(x)$,可以表示为 $i(x) = n(x)^{T} \cdot s + e$,其中 $n(x)$ 为表面的反射率,$s$ 为光照向量,$e$ 为误差项。一个标有光线照射角度的训练子集用来建立 $n(x)$ 和 $e$ 的统计模型。这样,一个输入图片的光照条件可以由核回归法估计,然后即可用最大后验概率估计出表面特性 $n(x)$,即输入图像的光照不变量。

Shashua 和 Riklin – Raviv 提出了熵图像法,图像 $y$ 的熵图像 $Q_y(u,v)$ 可以表示为 $Q_y(u,v) = \rho_y(u,v)/\rho_a(u,v)$,其中 $\rho_y(u,v)$ 和 $\rho_a(u,v)$ 表示的是物体的表面反射系数。从该表达式中可以推导出熵图像只与物体的表面相对纹理有关,而与光照无关。但是,该方法与训练集有着很大的关系,当训练样本不够完备时,识别的性能急剧下降,而完备的训练集在实际应用中很难实现。

### 2.2.3 光照归一化法

直方图均衡化是早期最普遍的消除光照影响的方法。通过对直方图的均衡化的过程,可使得像素点密度的直方图更加平滑,从而消除部分阴影的影响,可以发现,通过直方图均衡化可以使得几乎所有的图像库的识别效果变得更好。

Shan 提出了一种伽马校正法,用来进行光照均衡化,校正后的图像 $G(x,y)$ 可以通过灰度值的映射得到 $G(x,y) = cI(x,y)_{\frac{1}{\gamma}}$,其中 $c$ 为灰度提取系数,$\gamma$ 为伽马校正因子。

同态滤波化是一种光照归一化方法,光照反射模型被用来区分表面反射和阴影部分。光照反射模型可以描述为 $I(x,y) =$

$R(x,y) \cdot L(x,y)$，其中 $I(x,y)$ 为图像的灰度值，$R(x,y)$ 是图像的反射系数，即是图像的本质特征，$L(x,y)$ 就是图像的反射系数。整个算法的基础是假设光照在局部范围内的变化是缓慢的，而物体本身的反射系数在局部范围内是变化迅速的。这样，通过一个高通滤波器就可以减弱光照的影响。

Xie 和 Laml 将光照归一化方法用在局部图像上，将整张人脸图像进行切分，成为一系列三角区块，该三角区块足够小，可以考虑成一个小平面，这个方法的主要思想就是在该小平面内归一为零均值和单位方差。

### 2.2.4　3D 变形模型法

Blanz 和 VetterPsi 提出了基于 3D 变形模型的人脸识别方法。3D 变形模型利用人脸的 3D 扫描模型分别得到人脸的形状和纹理的描述。为了得到人脸在未知的光照和角度下的模型，作者通过最优化方法找到人脸的形状和纹理的最优化描述，由于 3D 变形模型的建模过程非常复杂，需要高复杂度的计算才能得到，利用先验的统计模型，结合人脸图像的关键点，较为准确地恢复人脸的 3D 形状，然后通过球面谐波熵图像方法估计图像中光照无关的纹理信息，构造出光照无关的 3D 虚拟视图，在一定程度上降低了算法的计算复杂度。

## 2.3　特征提取方法

### 2.3.1　基于几何特征的方法

基于几何特征的方法是最早的人脸识别方法之一，该方法的基础是面部重要器官的形状和他们之间的形态关系。在该方法中，我们将人脸表示为代表着人脸器官几何形状和几何关系的向量,为了避免姿态、缩放和图片旋转等因素带来的影响,特征向量应该进行归一化处理。在进行测试的时候,通过比较向量之间的欧式距离、曲率、角度等来选择数据库中与待测向量最接近的向量。基于几何特征的方法有很多优点,例如,理解简单、存储的信息量小、对光照条件不敏感等。但是也有一些问题,例如,对于数据量巨大的场合,不能够自动地进行特征点的提取和距离的计算是该方法一个重大的问题。另外,该方法不能处理较大的表情变化,还有他们只描述重要的面部器官的几何特征和器官间的几何关系,这就会导致丢失一些细微的特征,进而影响最终的识别率。

## 2.3.2 模板比较法

模板比较是模式识别算法中最传统的方法。模板就是一个标准的参照物,识别的时候根据待测图像与模板之间的相似度或者差异度进行分类。显而易见,模板比较法的关键在于待测的图像需要与模板在位置上对齐,这就要求待测图像与模板在大小、方向、姿态和光照条件上保持一致。所以,在进行比较之前,需要对人脸图像进行一些处理,例如大小归一化、灰度值归一化等。例如,为了保证两幅人脸图像大轮廓之间的匹配,一种简单的方法是将图像中的人脸看成一个椭圆形,人脸匹配即将两幅图像中的椭圆形对齐。另一种方法是将人脸划分为小的模板,例如眼睛模板、嘴唇模板、鼻子模板等,通过这些小模板之间的相似度表达大模板之间的相似度。但是这种方法要求清晰地表达出小模板的外轮廓,一种勾勒轮廓的方法是边缘提取,用一些滤波器滤掉变化较为平缓的图像,而保留变化较为剧烈的边缘信息。

Poggio 和 Brunellifi 对比了基于几何特征和基于模板比较的人脸识别方法,结论是模板比较法具有更高的识别率。

### 2.3.3 基于弹性匹配模型的方法

弹性匹配模型是基于小波变换的一种方法,是动态链接模型的一种改进。弹性匹配模型使用网格作为模板,将图像的对比转变为网格的对比。该方法用稀疏图来表示图像,稀疏图的任何一个顶点都包含特征向量,稀疏图之间的连接表示几何位置信息。分类识别的时候就是通过稀疏图找到最相似的样本。

在原有的弹性匹配模型上又有很多改进的方法。Wisko 等提出了基于弹性匹配模型的弹性图表串匹配法,该方法用一些字符串标志去代表典型的特征向量,从而大大减少了该算法所需的存储空间。Nastar 将平面信息 $I(x,y)$ 转变为三维网格信息 $(x,y,(x,y))$,并将人脸匹配问题转变为表面匹配的问题,进而使用有限元分析的方法进行曲面变形,由变形情况判断两幅图像是否属于同一个人脸。

### 2.3.4 基于隐马尔可夫模型(HMM)的方法

隐马尔可夫模型(Hidden Markov Model,HMM)是一个用来描述信号特征的统计学模型,一般用在连续的一维信号中。对于二维的图像来说,用一个与图像宽度相同的矩形窗对人脸图像进行从上到下的采样。为了避免将关键的人脸部分从中间切断,破坏特征向量的上下文信息,相邻的采样矩阵之间会设置一定的重叠。一般来说,这个重叠越大,得到的图像特征向量越长,识别的准确率越高。例如,图 2-1 中,整个人脸被分割为额头、眼睛、鼻子、嘴巴、下巴这 5 个区域,从而可以得到一个 5 级的线性隐马尔可夫模型。

为了准确表达采样矩形窗中的图像特点,人们进行多种尝试。例如,Samaria 直接采用采样矩形窗中的灰度值信息来组成特征向量。Nefiant 则采用二维离散余弦变化,极大地降低了计算的复杂

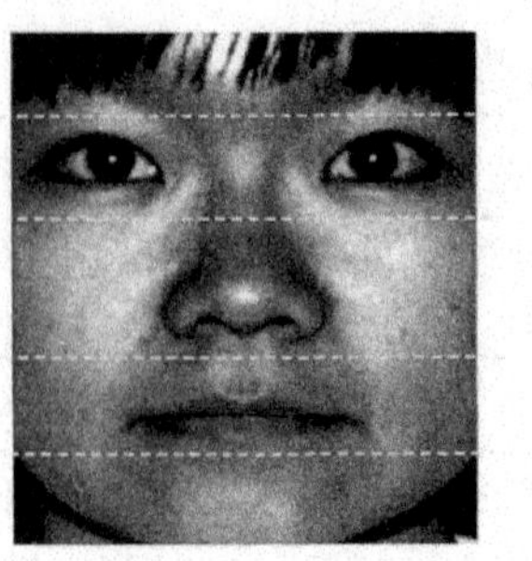


图 2-1　5 级线性隐马尔可夫模型(HMM)的区域分块

度和图像对噪声、光照及旋转的敏感度,并得到了很高的识别率。

隐马尔可夫模型有以下三个优点:第一,该方法允许面部表情变化和头部旋转;第二,对于新增训练样本的情况,不需要重新训练所有的样本;第三,该方法具有较高的识别率。但是,该方法的有效性还是建立在如何提取采样矩形窗的特征上,并没有解决特征提取和计算复杂度的问题。总体而言,隐马尔可夫模型是一种能够将局部特征与总体特征相结合的结构,能够从粗到细地描述人脸特征。

### 2.3.5　基于神经网络的方法

神经网络是一种既可以用于特征提取又可以用于分类识别的方法,在人工智能中有着非常广泛的应用,近年来更是深度学习在众多的人工智能方法中脱颖而出。

在人脸识别领域中,人们一样非常广泛地使用神经网络的方法。例如,Meng 用 PCA 对人脸图像进行特征提取,然后用神经网络对这些特征向量进行分类;Dong 直接用神经网络对原始图像进行特征提取,并用神经网络对提取的特征进行识别。基于神经网络方法的大致结构如图 2-2 所示。众多的实验结果表明,神经网络法具有非常强的适应性和鲁棒性。由于神经网络具有自动提取特征的能力,能够隐性地提取像素之间的相关性知识,所以该方法对于图像之间不同的大小、不同的表情、不同的光照条件具有较好的处理能力,而且这种处理能力随着训练样本数量的提升而提升。但是,由于神经网络中具有很多待调节的参数,需要较大数量的训练样本集才可能得到比较好的识别效果。

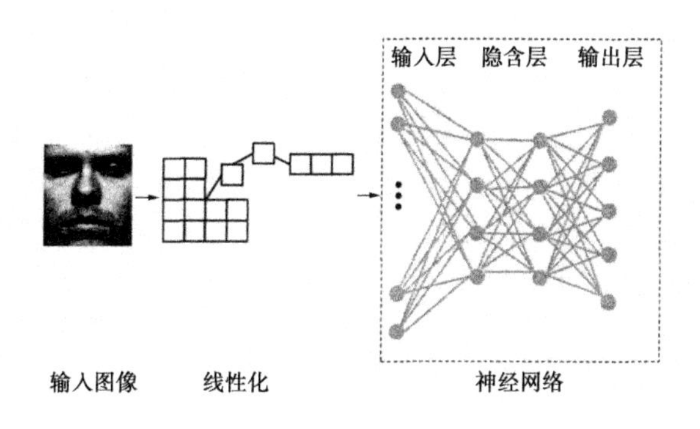


图2-2　用神经网络进行特征提取结构示意图

## 2.3.6　基于子空间的方法

人脸图像的维度实际上具有非常多的冗余信息,这些对于分类识别来说是不利的,而且还会增加额外的计算复杂度。基于子空间的方法就是找到一个低维子空间,原始图像通过线性的或者非线性的变换映射到该子空间内,使得图像在该子空间内非常紧凑,从而提供图像的一种更好的描述,同时也能够大幅度地减少计算复杂度。基于线性子空间的方法有主成分分析(PCA)、线性辨别分析(LDA)、独立成分分析(ICA)等;基于子空间的非线性映射方法有核主成分分析法(KPCA)、核 Fisher 辨别分析(KFDA)等。下面大致介绍两种常用的线性子空间特征提取方法。

主成分分析的基本思想是从 K－L 变换中得来的。利用主成分分析可以从训练样本集中得到特征脸,这样一个待测的样本就可以通过特征脸的线性组合来近似,这些线性组合的系数就作为该待测样本的特征向量。主成分分析法主要有三个缺点:一是该方法依赖于训练和测试样本之间的相关性;二是该方法需要很多的预处理,包括归一化处理等;三是很差的可扩展性,当加入一个训练样本点时,需要将所有的样本都训练,才能得到需要的特征脸,当数据集扩大时,重新训练的代价颇大。

线性辨别分析是目前最常用也是最经典的人脸特征提取方法。线性辨别分析法将最大限度地将样本区分开作为最终目的,该方法希望寻找到最佳的映射,原始图像集通过该映射后,所有来自同一人脸的图像之间的距离尽可能地缩小,而来自不同人脸之间的距离尽可能地增大。

## 2.4 识别算法

在人脸识别系统中,通过特征提取这一步骤得到人脸向量之后,就需要对这些人脸向量进行对比和分类,这就需要识别算法。人们不断寻找更加高效的识别算法,以期待这些识别算法能够达到更好的学习能力。在本节中,我们对典型的分类法进行介绍。

### 2.4.1 支持向量机分类法

支持向量机(SVM)的基本思想是把低维空间的数据映射到高维空间,以结构风险最小化作为原则,在高维空间中构造具有低维的最优超平面作为判决面,使得风险上界达到最小。由于支持向量机具有完备的理论作为基础,支持向量机分类法得到了很大的推广,并在许多领域取得了很好的应用成果,如模式识别、回归估计等。

支持向量机方法是由寻找线性可分的情况下的最优分类面推导出的。基本思想可由图 2-3 来表示,图中的实心点和空心点表示两类训练样本，$H$ 是分类线，$H_1$ 和 $H_2$ 分别为过各类样本中离分类线最近的点且平行于分类线的直线。$H_1$ 和 $H_2$ 之间的距离叫作两类的分类间隔。最优分界平面就是要求分类线 $H$ 不但能够将两类无错误地分开，而且要求两类的分类间隔最大。能够将两类样本无错误地分开实际上要求的是经验风险最小，理想状况即为0；而分类间隔最大实际上是要求推广性中的置信范围最小，从而使真实风险最小。图 2-3 中展示的是二维空间中的分类线，推广到高维空间中则为分类面。

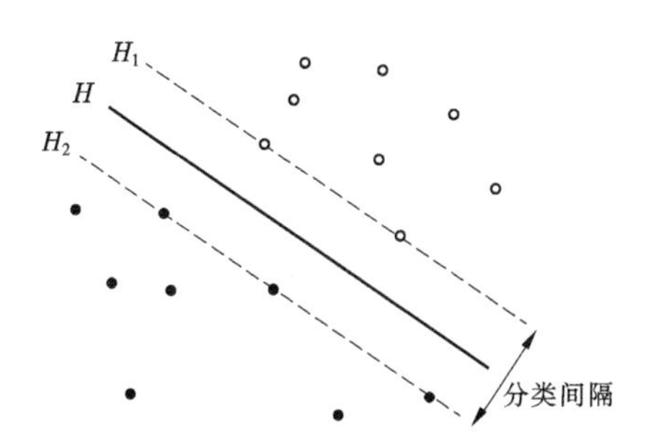


图 2-3　支持向量机基本原理示意图

定义：设线性可分样本集为 $(x_i, y_i), i = 1,2,\cdots,n, x \in R^d$，$y \in \{+1, -1\}$，$x$ 为特征向量，$y$ 为类别标号，$d$ 维空间的线性判别函数的一般形式为 $g(x) = \omega x + b$，分类面方程为：

$$\omega x + b = 0 \tag{2-2}$$

将判别函数归一化，使两类所有样本都满足 $|g(x)| \geqslant 1$，即使得离分类面最近的样本点的 $|g(x)| = 1$，这样分类间隔就等于 $2/\|\omega\|$，因此求分类间隔最大的问题等价于使 $\|\omega\|^2$ 最小，除了最小化 $\|\omega\|^2$ 外，还需要满足样本点的正确分类这一前提，即

$$y[(\omega x_i + b)] - 1 \geqslant 0, i = 1,2,\cdots,n \tag{2-3}$$

因此，满足上述条件且使分类间隔最小的超平面就是最优分类面，从图 2-3 中可以直观地看到，分类平面其实是由落在虚线上

的点决定的，这些落在虚线上的点对于分类平面的确定具有关键的作用，这些点叫作支持向量(supportvector)。支持向量机的名字也是由此而来的。

这样，支持向量机即可归结为求解下面的二次规划问题：

$$\min \Phi(\omega) = \frac{1}{2}(\omega \cdot \omega) \quad (2\text{-}4)$$

$$\text{Subject to} \quad y[(\omega x_i + b)] - 1 \geqslant 0, i = 1,2,\cdots,n \quad (2\text{-}5)$$

该二次规划问题可采用拉格朗日乘子法进行求解。

从前面的描述可知，支持向量机化分类法最初是为了解决二分类问题的，而在实际应用中常常要解决多分类问题。为了将支持向量机分类法应用到多分类系统中，一般采用两种方案，一种是“一对一”方法，另一种是“一对多”方法。

(1)“一对一”：对于多类别分类，每次取其中的两个类构造一个支持向量分类器，对于 $k$ 个类，共需要构建 $k(k-1)/2$ 个分类器。在分类的时候，每个待测样本都经过这些分类器分类，对结果采用投票计数的策略，最终得票数最多的类别即为测试样本所属的类。

(2)“一对多”：在训练时，将某一类别作为一类，所有的其他类别作为一类，进行训练。这样，$k$ 个类别的样本则构造出 $A$ 个分类器。分类时将待测样本分类为具有最大的分类函数值的那类。

对于人脸识别系统，在用各种特征提取方法如局部二值特征或者直方图法提取出人脸特征向量后，同一人的多张人脸图像构成一类，待测样本可以通过多类 SVM 分类法确定其归于哪一类，从而识别出待测样本的人。

### 2.4.2 $K$ 近邻分类法

$K$ 近邻分类法是一种简单而有效的统计学方法，是最为简单的机器学习方法之一，最早由 Cover 和 Hart 提出。该方法的思路是：在样本的特征空间中，如果与待分类样本最相似的 $K$ 个样本中的大多数都属于某一类别的话，则该待分类样本也属于这个类别。在 $K$ 近邻分类法中，所选择的 $K$ 个最相似的邻居都是已经被正确分类的。

设待测样本为 $X$，现有 $C$ 个类 $\omega_1,\omega_2,\cdots,\omega_n$，第 $i$ 类的样本数有 $\omega_i$ 个，最近邻分类法确定类别的方式就是求以下问题的最优解：

$$d_i(x) = \min D(x,x_i^k),k = 1,2,\cdots,N_i,i = 1,2,\cdots,c \quad (2\text{-}6)$$

$$d_j = \min d_i(x),i = 1,2,\cdots,c \quad (2\text{-}7)$$

其中，$D(x,x_i^k)$ 代表的是待测样本 $t$ 和已有样本 $x_i$ 之间的距离，这个距离可以是欧式距离、曼哈顿距离、名考斯距离等。本书所采用的是欧式距离。该分类法的主要步骤就是首先求出与待分类样本 $x$ 最为接近的前 $K$ 个训练样本，然后求出 $K$ 个训练样本的所属类别，设所有的 $C$ 个类别中第 $i$ 类包含在上述 $K$ 个最近训练样本中的数目为 $m_i$，则待测样本 $x$ 所属的类别由 $\max m_i,i = 1,2,\cdots,c$ 对应的类别所确定。

对于人脸识别系统，在根据特征提取算法提取出特征向量后，对于待测样本，由最相近的 $K$ 个样本中最多数目的那一类决定该待测人脸是谁的图像。

### 2.4.3　神经网络

神经网络是受人脑神经元结构的启发，利用计算机模拟人脑的学习结构，从经验中学习内在的模式，从而对特征向量进行识别的一种方法。神经网络既可以用于特征的提取，又可以用作分类识别。在神经网络中，最基本的单元就是“神经元”，通过神经元之间的互相连接组成一个非常庞大的网络结构。神经元之间的相互连接表明，一个神经元的变化活动会直接影响与其相邻的其他神经元，该神经元对其他神经元影响的效力用它们之间连接的权重来衡量。神经网络又可根据网络的结构分为很多种类,网络基本可分为输入层、隐含层和输出层这几个层次。根据网络结构的不同和连接权重的不同,可以将神经网络分为很多种类,例如主成分神经网络(PCNN)、径向基神经网络等。

## 2.5 人脸识别数据库

为了评价人脸识别系统的性能优劣,需要建立公共的人脸数据库来进行评测,这样不同的算法才能够进行统一的对比。

### 2.5.1 FERET 人脸数据库

FERET 人脸数据库是目前国际上最权威的标准人脸数据库,在 1993 年由美国国防部采集。该数据库包括多人种、多年龄段、多表情变化、多光照条件、多姿态变化等各种影响因素,包含有 1 000名男性和女性的共 1 万多幅人脸图像。每幅图像为单一人脸。

### 2.5.2 Yale B 人脸库

Yale B 人脸库由美国耶鲁大学计算机视觉与控制中心创建,包含了 10 个人的 5 760 幅多姿态、多光照条件下的图像。其中姿态和光照变化的图像都是在严格控制的条件下进行采集的,该数据集采集的目的就是进行光照和姿态问题的建模与分析。原始图像大小为 640 ×480,所有的图像都经由人工剪裁。

### 2.5.3 Extended Yale B 人脸库

由于 Yale B 人脸库中仅包含 10 个人,因此美国耶鲁大学后来对人脸库进行了扩充。在 Yale B 人脸库的基础上增添了 28 个人。故 Extended Yale B 人脸库一共包含 38 个人的多姿态、多光照条件下的图像。Extended Yale B 人脸库比 Yale B 人脸库包含更加复杂的光照条件。

### 2.5.4 CMUPIE 人脸数据库

CMUPIE 人脸数据库由美国卡耐基梅隆大学创建,包含 68 位志愿者的 41 368 张多姿态、多光照条件下的面部图像。其中姿态和光照条件也是在严格控制的条件下采集的,利于算法的测试和比较。

# 第 3 章　面向光照变化人脸识别的稀疏表示模型研究

Vinje 和 Gallant 在《Sicence》上发表研究成果:通过记录短尾猴Ⅵ区在开放的和模拟的自然场景下的神经细胞响应,验证了视皮层(Ⅵ区)神经细胞用稀疏编码有效表示自然场景以及稀疏编码用最小冗余度传递信息。在此基础上,Olshausen 和 Field 提出了稀疏编码模型,通过寻找自然图像的稀疏编码表示,使稀疏编码网络学习得到类似于简单细胞感受的结构。Hyvarinen 和 Hoyer 应用一个两层的稀疏编码模型来解释类似于复杂细胞感受野的存在和简单细胞的拓扑结构。2003 ~ 2004 年,Donoho 证明了稀疏优化模型有唯一解的条件。2006 年,华裔数学家 Terrence Tao 和 Donoho 的弟子 Candes 合作证明了在满足 RIP 条件下,$L_0$ 范数优化问题与以下 $L_1$ 范数优化问题具有相同的解。至此,稀疏表示(Sparse Representation, SR)的理论基础已经奠定。

2009 年,Wright 等基于稀疏表示理论提出了一个鲁棒的人脸识别方法(Sparse Representation Classifier, SRC),其基本思想是:在稀疏重构过程中,被重构样本总是选择少数的同类样本作为待分类样本的最佳线性组合近似。SRC 在人脸识别应用中展示出了一定的鲁棒性,特别是在处理较小光照变化和遮挡识别等问题时能够获得较高的识别性能。因此,该方法引起学术界广泛的关注。给出了一个基于 Gabor 遮挡字典的稀疏表示分类方法,利用 Gabor 特征降低 SRC 的计算代价。对 SRC 的理论基础做了说明,主要分析了 $L_1$ 范数优化在 SRC 中扮演的角色。文献综述了稀疏表示在计算机视觉和模式识别领域的应用。从信息论的角度,提出了最大相关熵准则的稀疏表示方法(CESR)。

本质上,稀疏表示分类是一个无监督的过程,因此在待分类图像含有较大噪声的情况下,如含有较大光照变化、较大遮挡以及闭塞等情况,基于稀疏表示的分类方法仍然无法获得令人满意的性能。借鉴鲁棒回归的思想提出了鲁棒的稀疏编码方法,进一步提升了稀疏表示在处理人脸遮挡和伪装问题的鲁棒性。在稀疏表示框架下引入马尔可夫随机场,并验证了该方法的有效性。提出了一种结构稀疏误差编码模型(Structure Sparse Error Coding, SSEC),在极端遮挡条件下获得了较好的识别结果。文献提出了构建光照字典以提升稀疏表示分类器识别光照变化人脸图像的能力。基于字典扩充思想提出了扩展稀疏表示分类方法(Extended Sparse Representation based Classifier, ESRC),该方法通过在额外的Gallary样本集合上做差运算,手工设计各种类内变化字典,并获得识别性能上的提升。Zhuang等将迁移学习(Transfer Learning, TL)引入字典构造,通过额外的数据集自动学习得到一个通用的光照变化字典。Wagner等通过构建真实的光照场景直接采集光照图像构造光照字典,从而达到提升稀疏表示在光照变化下的识别效果。

受朗博反射模型(Lambertian Reflectance Model)启发,结合稀疏表示理论,本章提出了一种新的面向光照变化人脸识别的稀疏表示分类模型。本章提出的模型遵循朗博反射理论,可以在不需要额外的光照字典的情况下获得待分类样本的光照变化信息,同时将其正确地分类。由于所提出的模型是一个非凸模型,本章结合人脸识别问题,提出了一个具体适用的迭代求解方法,并对该求解算法做了详细的分析。在人脸数据库上的实验表明,与传统的基于稀疏表示的分类方法相比,所提算法在光照变化以及正常条件人脸识别问题中识别的准确率和鲁棒性上都具有一定优势与竞争能力。

## 3.1 经典的稀疏表示分类模型

经典的稀疏表示分类模型(SRC)是 Wright 等在 2009 年基于图像的稀疏表示理论提出的一个鲁棒的人脸识别方法。图像的稀疏表示指图像可以完全或近似地由少量的原子图像线性组合表示,原子图像的集合构成了字典,其具有跟人眼视觉特性以及神经信息有效表达相吻合的特点。图像的稀疏表示是图像正交表示方法,如离散傅里叶变换、小波变换等形式的非正交表示扩展,优点在于,稀疏表示中的非零系数揭示了信号与图像的内在结构和本质属性,具有明显的物理意义。

基于稀疏表示的分类方法的基本思想是:假设有 $k$ 类样本,每个已知人脸图像均拉伸为列向量,则第 $i$ 类已知样本构成的矩阵可表示为:$D_i = [d_{i,1}, d_{i,2}, \cdots, d_{i,n}] \in R^{m\times n_i}$,$i = 1, 2, \cdots, k$。其中,$d_{i,j}$表示第 $i$ 类中第 $j$ 个人脸的向量表示;$n_i$为第 $i$ 类样本的个数;$m$ 为样本的维数。若 $n$ 表示样本总数,则 $n = n_1 + n_2 + \cdots + n_i$且整个已知样本构成的字典表示为 $D_i = [d_{i,1}, d_{i,2}, \cdots, d_{i,n}] \in R^{m\times n}$,依据线性子空间假设,若每类样本足够多,在稀疏重构过程中,待分类样本 $y$ 总是选择少数的同类样本作为其最佳线性组合近似,即只有和 $y$ 同类的字典中的原子表示系数不为 0,而其他原子上的系数为 0。但实际情况中,受噪声、模型误差化及已知样本数目等因素影响,往往其他类别上的表示系数也非零,此时可以将待分类样本归为最大系数所属类或者能最佳线性表示待分类样本的那一类。完整的稀疏表示分类方法(SRC)可以简单表述为如下过程:

(1)输入待分类样本 $y$,已知(训练)样本构成的字典 $D_i = [d_{i,1}, d_{i,2}, \cdots, d_{i,n}] \in R^{m\times n}$,求解稀疏表示模型获得稀疏表达系数 $\alpha^*$。

(2)将待分类样本 $y$ 归类于重构性能最好的类别,即

$$Identity(y) = \arg\min_{i} \| y - D_i a_i \|_2^2 \quad (3\text{-}1)$$

另外,为使得稀疏表示分类器能够有效处理噪声,一些文献进一步引入单位矩阵 $I$ 扩充字典矩阵,此时,稀疏表示分类模型可以表述为

$$\left.\begin{array}{ll} & \min\limits_{a,b} \| [a;b] \|_1 \\ \text{约束条件} & \| y - [D,I][a;b] \|_2^2 \end{array}\right\} \quad (3\text{-}2)$$

稀疏表示分类模型(SRC)在遮挡和闭塞情况下展示出了很强的识别能力,然而,该方法无法处理姿态变化情况下的人脸识别问题,且需要一个较大的含有光照变化的已知样本集才能处理光照变化情况。本章将从研究如何提升稀疏表示模型在光照变化情况下的人脸识别性能着手,在稀疏表示框架下提出一个更加实用的方法。

## 3.2　光照稀疏表示分类模型

### 3.2.1　基本思想和模型

朗博反射模型(Lambertian Reflectance Model)是图像处理及人脸识别领域中最重要的光照理论模型之一,其主要内容是分析并证明了对于一个含有固定距离光照以及姿态的凸朗博对象,其所有图像均可用经恰当选择的 9 幅图像近似线性表达;对于单幅含有光照变化的人脸图像 $Q$ 可表达为:

$$Q = Q_R \circ Q_I \quad (3\text{-}3)$$

其中,$Q_R$ 为图像所刻画对象的反射信息(身份信息);$Q_I$ 为额外的光照信息;符号“◦”表示哈达玛乘积(Hardmard Protect)。朗博反射模型展示出单幅含光照变化人脸图像是由刻画该人的反射信息(身份信息)和光照信息非线性组合而成。然而,经典的稀疏

表示分类模型通常将图像表达为理想的重构项(身份信息)与残差项(噪声信息)的线性组合。例如,对含有光照变化的人脸图像 $Q$,一般情况下,模型将其分解成如下线性组合形式:

$$Q = Q_R + Q_I \tag{3-4}$$

显然,经典的稀疏表示分类模型与朗博反射模型在处理光照的方式上存在差异。本节通过一个直观的例子,验证身份信息和噪声信息的组合形式:加性还是乘性。

例1(光照变化与身份信息的组合形式示例):从 Extended Yale B 人脸数据库中任意选择2个人,为保证结果的可靠性,我们选择两类所有无光照图像的平均人脸(如图3-1第二列所示)作为相应类别的身份信息。然后,每个人选择一幅含有相似光照变化的图像(如图3-1第一列所示)。接下来,分别依据式(3-2)和式(3-3)确定其相应的光照信息(如图3-1第三列所示)。最后,交换两类所求的对应光照信息,再次依据式(3-2)和式(3-3)分别获

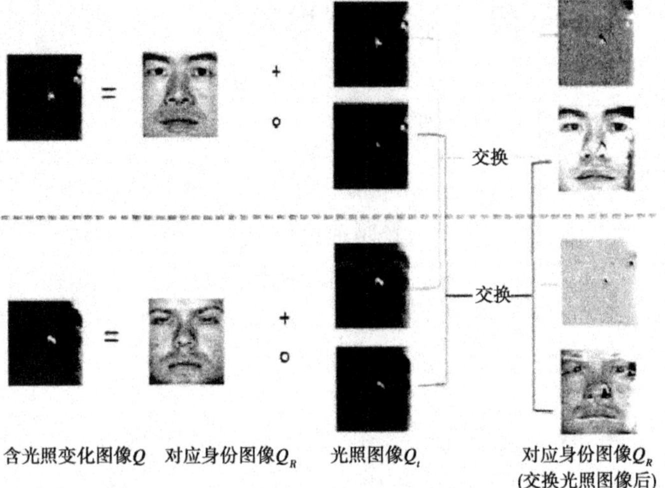


图3-1 验证含光照变化的图像中身份信息与光照信息组合形式直观示例

取其相应的身份信息(如图3-1第四列所示)。从图3-1可以看出,依照朗博模型求出的光照信息可以在不同类别之间共享,而依据式(3-3)得到的光照信息仍然含有其对应的身份信息,不能共享。由此,该例子反映出身份信息与结构性噪声信息的乘性组合形式更加符合实际情况。

该例一方面验证了朗博反射模型,即式(3-1)更适合描述身份信息和光照信息的组合形式,另一方面也反映出经典稀疏表示模型在处理光照变化人脸识别问题上存在一定的缺陷。基于上述原因,本章将朗博反射理论融入稀疏表示模型内,期望获得一个可以处理光照变化人脸识别问题的稀疏表示分类模型。

令 $y \in R^m$ 表示一幅含有光照变化的待分类人脸图像(图像按列拉伸成向量形式),依据朗博反射模型,则 $y$ 可以分解为如下形式:

$$y = y_I \circ y_H \tag{3-5}$$

式中,$y_I$ 为图像 $y$ 的身份信息;$y_H$ 为图像 $y$ 中含有的光照变化。

将式(3-5)变形,可得

$$y_I = Wy \tag{3-6}$$

其中,$W = diag(1/y_H) \in R^{m \times n}$,$W > 0$,即 $W$ 为由 $y_H$ 各分量的倒数构成的非负对角矩阵。

一个简单的提升稀疏表示模型对 $y$ 的分类能力方法是直接使用身份信息 $y_I$ 代替 $y$ 进行分类,即利用式(3-3)表示的模型进行分类

$$\left.\begin{array}{l} \min_\alpha \| y_1 - D\alpha \|_2^2 \\ \text{约束条件} \quad \| \alpha \|_1 < \varepsilon \end{array}\right\} \tag{3-7}$$

将朗博反射模型引入上面的稀疏表示模型中,即将式(3-2)代入模型(3-3)的目标函数中,可得

$$\left.\begin{array}{l}\min_{\alpha,W}\ \| Wy - D\alpha \|_2^2 \\ \text{约束条件}\quad \| \alpha \|_1 < \varepsilon \\ W > 0\end{array}\right\} \tag{3-8}$$

本章称式(3-8)表示的模型为光照稀疏表示分类模型(Illumination Sprase Representation Classification Model, ISRC)。式(3-8)描述的 ISRC 模型具有清晰的物理意义:对于存在光照变化的待分类图像,在遵循朗博反射模型的基础上,通过加权移除光照变化的同时获得其正确的稀疏表达。对于人脸识别问题,在求解上述模型得到 $\alpha^*$ 和 $W^*$ 后,可将测试样本 $y$ 归类到重构误差最小的类,即

$$Identity(y) = \arg\min_i \| W^* y - D_i a_i^{\ *} \|_2^2 \tag{3-9}$$

## 3.2.2 模型求解算法

显然,式(3-8)描述的光照稀疏表示模型是非凸的,难以同时优化出 $W$ 和 $\alpha$ 以及获取全局最优解。然而,对于具体的人脸识别问题,理论和实践均表明,无论是光照信息还是人脸信息,都处于一个较低维度的线性子空间内,而模型的期望输出也是一张人脸图像。这意味着,若给与光照信息相关的 $W$ 一个合理的初始值,例如,单位矩阵或者利用已知样本的平均人脸和待测样本依照式(3-2)获得的值,那么可将其与待测样本做哈达玛乘积,继而使得稀疏表示获得较为正确的表示系数 $\alpha$ 成为可能。反过来,假设在获得较为正确的 $\alpha$ 的情况下,利用式(3-6)可以获得表示光照信息 $W$ 的值。

基于上述思想,本节在梯度下降法框架下设计了一个具体适用于人脸识别任务的迭代算法,并用其求解提出的光照稀疏表示分类模型。主要步骤如下:

第 1 步,固定 $W$,设其当前值为 $W^{(t)}$ , $W^{(t)} > 0$。

此时，式(3-8)变成一个凸最小化问题，即 LASSO：

$$\left.\begin{aligned}&\min_{\alpha}\ \|W^{(t)}y - D\alpha\|_2^2\\&\text{约束条件}\quad \|\alpha\|_1 < \varepsilon\end{aligned}\right\}\tag{3-10}$$

第2步，求解式(3-10)凸优化问题，得到稀疏系数 $\alpha^{(t)}$，重构误差 $r^{(t)} = W^{(t)}y - D\alpha^{(t)}$，即

$$W^{(t)}y = D\alpha^{(t)} + r^{(t)}\tag{3-11}$$

第3步，依据残差 $r^{(t)}$ 梯度下降方向更新 $W$，得到 $W^{(t+1)}$。

由于 $W^{(t)}$ 是一个对角非负矩阵，其对角元素 $W_{k,k}^{(t+1)}$ 对应着 $y$ 的一个像素 $y_k$，显然，要使 $r^{(t)} \to 0$，对于 $r_k^{(t)} > 0$，即对于残差大于0的分量，需降低 $W_{k,k}^{(t)}$ 的值使得变小，而对于 $r_k^{(t)} < 0$，需要增大使得 $W_{k,k}$ 变大。基于该思想，本章提出使用下式作为权重的更新公式：

$$W_{k,k}^{(t+1)} = W_{k,k}^{(t)} - \tau\,\nabla r_{k,0}^{(t)}\tag{3-12}$$

式(3-12)中采用 Sigmoid 函数 $\nabla r_k^{(t)} = \dfrac{2}{1 + e^{(-r_k^{(t)})}} - 1$ 将 $r_k^{(t)}$ 下降域规范化到[-1,1]之间，以避免权重变化过快和出现目标函数病态情况；为进一步控制权重更新的幅度，进而控制收敛速度，式中 $\tau$ 为控制步长参数，$\tau$ 越大收敛越快；max(·)函数保证非负。

第4步，重复上述步骤，直到达到最大迭代次数，或误差项 $r$ 满足设定的精度要求，或权值 $W^*$ 的变化满足一定的精度，算法停止。

需要注意的是，为了避免陷入局部极小值情况(算法不断更新测试图像较小像素的权重，使得图像变暗)，因此每一次迭代中都需要对 $y^{(t)}$ 做规范化处理。

另外，一个直观的更新 $W$ 的思想是将 $\alpha^{(t)}$ 代入式(3-8)求解如下带有非负约束的线性最小二乘问题：

$$\left.\begin{aligned}&W^{(t+1)} = \arg\min_{W}\ \|Wy - D\alpha^{(t)}\|_2^2\\&\text{约束条件}\quad W > 0\end{aligned}\right\}\tag{3-13}$$

式(3-13)解为

$$W^{(t+1)} = diag(\max(D\alpha^{(t)}./y,0)) \tag{3-14}$$

然而，若 $D\alpha^{(t)} > 0$，则 $W^{(t+1)} = diag(D\alpha^{(t)}./y)$，代入式(3-10)后 $\alpha^{(t+1)} = \alpha^{(t)}$，这意味着整个算法停止迭代并陷入局部极值，进而无法得到模型的真实解，因此本章并未采用该更新策略。

完整的光照稀疏表示模型求解算法步骤如算法 3.1 所示。

**算法 3.1　迭代光照稀疏表示算法**(IISR)

输入：$N$ 个已知样本构成的字典 $D$，其中每一列为一个规范化样本，规范化的待测样本 $y$，非负阈值 $\sigma$。

初始化：$W^{(1)} = 1$。

设置计数器 $t=1$，算法开始。

Repeat

(1)对待测样本加权，规范化 $y^{(t)} = W^{(t)}y/\|W^{(t)}y\|_2$；

(2)对待分类样本编码 $\alpha^{(t)} = \arg\min_\alpha \|W^{(t)}y^{(t)} - D\alpha\|_2 + \lambda\|\alpha\|_1$；

(3)计算重构误差 $r^{(t)} = y^{(t)} - D\alpha^{(t)}$；

(4)更新权重 $W_{k,k}^{t+1} = \max(W_{k,k}^{t} - \tau(\frac{2}{1+e^{(-r_k^{(t)})}} - 1),0)$；

(5)$t=t+1$。

Until 达到最大迭代次数或满足式(3-14)。

输出：$W,\alpha$。

算法可行性分析不妨假设 $W = W^*$ 为对 $W$ 的正确估计，根据式(3-6)可以得到

$$y = (W^*)^{-1}y_I \tag{3-15}$$

若 $W^{(t)} \to W^*$ 得到的趋近于 $W$ 的正确估计，则可以合理地假设，此时通过求解式(3-10)后，稀疏表示可以最小误差的重构出 $y_I$，即有

$$y_I = D\alpha^{(t)} + \varepsilon \tag{3-16}$$

式中，$\varepsilon \to 0$。

将式(3-15)和式(3-16)代入式(3-11)，两端除以 $y_I$ 整理可得

$$W^{(t)} - W^* = W^* diag[(r^{(t)} - \varepsilon)./y_I] \tag{3-17}$$

式(3-17)表明，重构误差 $r^{(t)}$ 与 $W^{(t)}$ 正相关，即 $r^{(t)}$ 大，则 $W^{(t)}$ 也大，反之亦然。因此，结合式(3-17)，可以通过逐步调整 $W^{(t)}$ 使得 $r^{(t)} \to 0$，进而使得 $W^{(t)} \to W^*$。

综上，本节提出的求解算法是可行的。

算法收敛性分析 IISR 算法是式(3-8)的一个逐步逼近方法，通过推导，本章证明了当重构误差趋于零时，权重趋向正确的估计，且与残差项正相关。由于每一轮迭代过程中式(3-8)的目标函数均下降，即重构误差 $r$ 减小，且式(3-8)的损失函数下界大于等于0。因此，所提出的迭代最小化过程将收敛。图3-2通过一个例子展示了算法在初始化权重为单位矩阵时的收敛情况。

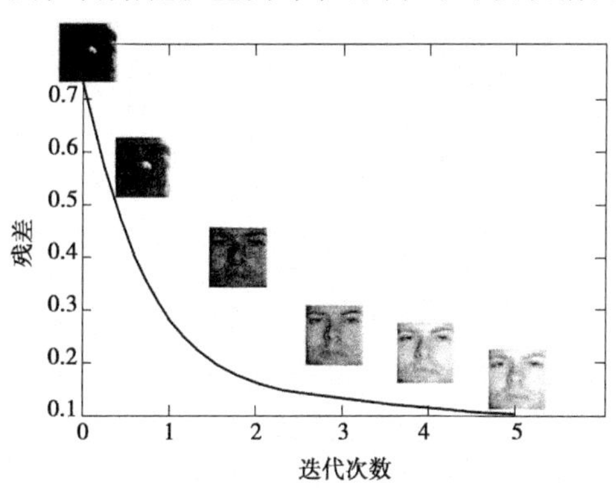


图3-2　验证 IISR 算法收敛性直观示例

此时算法中的 $\tau = 0.5$，图中人脸图像为迭代后移除权重代表的光照信息后的人脸图像。

通常，本章使用式(3-18)作为算法停止条件

$$\| r^{(t+1)} - r^{(t)} \|_2^2 / \| r^{(t+1)} \|_2^2 < \sigma \tag{3-18}$$

其物理意义表示当迭代的残差变化小于阈值 $\sigma$ 时,算法停止。

算法复杂度分析本章提出的 ERSR 算法的复杂度主要依赖于 $L_1$ - optimizer 过程。对于 $L_1$ - optimizer 来讲,其复杂度依赖于样本的维数 $m$ 和字典原子的个数 $m$,不同 $L_1$ - optimizer 的复杂度也不相同。一般来讲,IIRS 的复杂度高于 SRC 算法,这和 IIRS 的迭代次数有关。

# 第4章 基于局部特征提取的人脸识别

## 4.1 概 述

人脸图像是一种能够通过非接触手段主动获取到的生物信息,通过面部图像分析进行个人身份识别,一直是模式识别和人工智能领域的研究热点。多年来,各国研究人员已经进行了诸多研究,但由于实际应用环境的多变性、人脸图像的非唯一性与非刚性,使得各类识别算法性能均与实际商业应用要求具有一定距离。因此,进一步提高人脸识别算法的识别率和鲁棒性,成为人脸识别课题研究的一个主要目标。

基本的局部二元模式(Local Binary Pattern,LBP)最早由 Ojala 提出,应用于纹理分析和图像检索,后期扩展为统一模式(Uniform Pattern)的圆邻域 LBP 描述,以进一步降低描述纹理的维数,提高其对纹理的刻画能力。2004 年 Timo Ahonen 首次将 LBP 算子应用于人脸识别,为该领域拓展了一个新的研究思路。在使用基本 LBP 算子计算人脸图像局部纹理特征的基础上,Timo Ahonen 引入加权子块的思想,依据人脸图像中各分块的重要程度进行加权,进一步强化了含有大量细节特征的眼部和嘴部区域对识别结果的影响,该方法在 FERET 人脸数据库上取得了较好的识别性能。提出多尺度分块 LBP(Multi - scale Block Local Binary Pattern, MB - LBP),在计算一级尺度图像的 LBP 图谱基础上将图像分块,用子块的平均灰度值生成二级尺度图像,并再次计算其 LBP 图谱直至多级,最后将多级尺度的 LBP 直方图连接,构成特征向量。通过这种方式计算的 LBP 特征直方图,在一定程度上同时包含了图像的微观和宏观结构特征,因此算法更具鲁棒性。为了提高 LBP 算子对纹理方向性的刻画能力,张文超等提出将 LBP 算子和 Gabor 小波相结合的人脸识别方法,算法首先对归一化的人脸图像进行多方向、多分辨率 Gabor 小波滤波,并提取其对应不同方向、不同尺度的多个 Gabor 幅值域图谱(Gabor Magnitude Map, GMM),然后在每个 GMM 上采用 LBP 算子计算其局部邻域关系模式,在分类器设计阶段结合 Fisher 判别思想,使用加权的 HSLGBP 匹配方法进行最终二元分类,算法在 FERET 人脸数据库上也取得了较好的识别性能。王玮等通过离散小波分解,提取两级低频分量的 LBP 特征谱图,测试也取得了较好的识别率。

至此,从之前的研究可以总结出以下结论:LBP 算子描述了纹理的细节构成,它对相似人脸图像具有较高的辨别能力;但由于 LBP 的基元较小,因此对噪声和光照比较敏感。同时我们还可发现,先前所做的 LBP 算子的扩展及改进,均在将局部邻域中的像素同等看待的基础上提出,它们忽略了在微观尺度上不同方向的细节对识别率的影响。针对上述问题,本章首先根据提出的水平分量优先原则(Horizontal Component Prior Principle, HCPP),将原始 LBP 算子改进为在局部邻域内加权,同时结合离散小波分解,提取不同尺度下小波系数的新局部特征图谱,再使用最近邻分类实现人脸识别。

同时, Bill Triggs 提出一种扩展性 LBP 纹理描述算子——局部三元模式(Local Ternary Pattern, LTP)。LTP 对 LBP 算子的阈值函数进行修改,将原来的一个确定阈值改进为一组阈值区间,并且将 LBP 的二元纹理模式改进为大于、属于和小于阈值区间的三元纹理模式,同时为了降低算法复杂度,将标准 LTP 纹理模式拆分成 ULBP(Upper LBP)和 LLBP(Lower LBP)两个 LBP 纹理模式进行处理。LTP 纹理模式的对称性和噪声阈值门限可以有效地滤除噪声,在一定程度上改善了 LBP 模式对于噪声较敏感的缺陷,使识别率得到进一步提高。但是,LTP 存在特征维数较高的问题,这使得 LTP 特征在存储和分类匹配时,需要占用更多的内存,带来更高的算法复杂度,这严重影响 LTP 的进一步应用。针对上述问题,本书提出一种新的局部人脸特征提取方法——LTP 子模式(Local Ternary Pattern Sub - Pattern,LTP - SP)。LTP - SP 仅使用约原始 LTP 特征 30% 的特征维数描述人脸纹理信息,却可以达到更好的识别效果。

## 4.2　基于水平分量优先原则的 RDW - LBP 人脸识别算法

本书提出一种基于小波变换与区域性 - 方向性加权的二元局部模式(Regional Directional Weighted Local Binary Pattern, RDW - LBP)人脸识别算法。首先,算法提出了一个人脸识别的新依据,即人脸图像的水平细节分量包含较多的有效面部细节纹理信息,其对识别的贡献率优于垂直分量信息和对角分量信息,这里称之为水平分量优先原则(Horizontal Component Prior Principle, HCPP)。依据 HCPP,算法通过小波变换将原始图像分解,提取其中的尺度分量和水平细节分量。对原始 LBP 算子进行改进,提出方向性加权二元局部模式(Directional Weighted Local Binary Pattern, DW - LBP),分别对小波分解后的尺度分量和水平细节分量计算其子区域的 DW - LBP 直方图,同时对不同的子区域进行宏观意义上的加权,得到人脸图像对应的 RDW - LBP 直方图特征向量,最终采用 Chi - Square 距离进行直方图序列匹配。

RDW - LBP 通过改进基元图像的 LBP 计算方法,进一步强化提取人脸纹理有效方向信息的能力。

基于 RDW－LBP 的人脸识别算法框架如图 4-1 所示。

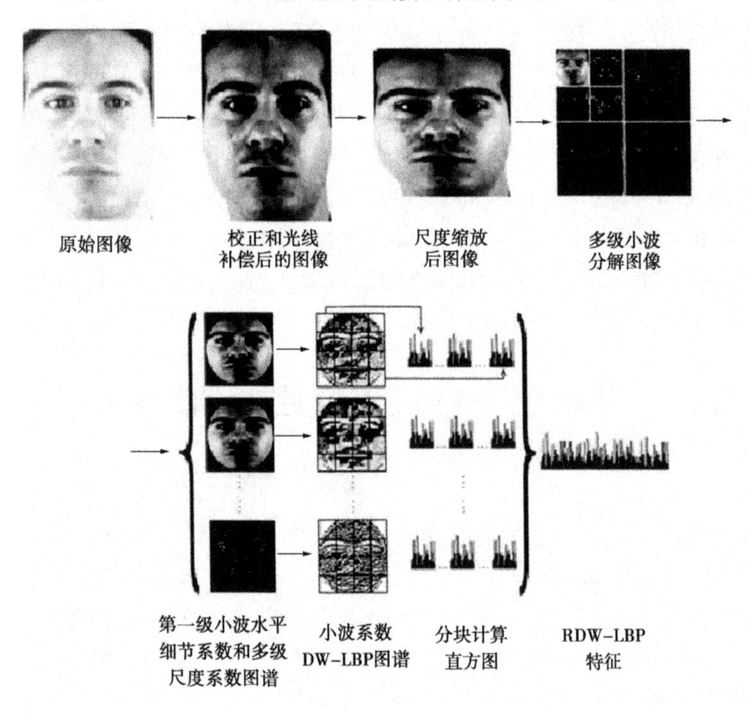


图 4-1　基于 RDW－LBP 的人脸识别算法框架

## 4.2.1　人脸图像预处理流程

光照、偏转、尺度、背景等客观因素是人脸识别算法提升识别率的巨大挑战，对这些因素是否具有一定的鲁棒性，是识别系统是否实用的一个主要标准。有效的预处理是降低外界因素影响的一个主要手段。本书的预处理部分由 4 个流程构成，即人脸图像归一化、尺度缩放、光照补偿和掩模处理。

#### 4.2.1.1　人脸图像归一化

根据眼睛定位结果,依照标定出的双眼位置统一将人脸库图像进行大小归一化,这样能够降低偏转和尺度变化对识别的影响。

#### 4.2.1.2　尺度缩放

采用双线性插值算法,将人脸图像缩放至 $2^n \times 2^n$ 分辨率,以方便离散小波分解计算,本书统一将图像缩放至 $128 \times 128$。

#### 4.2.1.3　光照补偿

光照变化是影响识别率的最大因素之一。根据 FRVT 2006 的测评报告,对非可控光照条件下的人脸识别算法进行测试,结果表明在误识率(False Accept Rate, FAR)为0.1%的前提下,最优秀算法在高分辨率测试数据库上的拒识率(False Reject Rate, FRR)仍然大于10%。可见,光照不均造成的面部阴影及光照过度等问题,会造成识别率的急剧下降,适当的光照补偿对提高识别率尤为重要。解决光照问题的方法主要分为以下两类:第一类是从图像增强的角度入手,通过对面部图像的亮度、对比度和直方图分布等进行调整,达到降低光照影响的目的。常用的有直方图均衡化、Gamma 校正、对数变换、频率域滤波等。第二类是通过分离人脸图像中的光照分量,恢复反射分量,也可以较为有效地排除光照影响。本书分别使用了直方图均衡化(Histogram Equalization, HE)和 LOG - DCT + Gamma 校正算法进行光照预处理。

#### 4.2.1.4　掩模处理

使用掩模处理,主要为了压缩与识别不相关或变化比较大的区域,例如背景和发型区域。掩模依据前期定位算法或测试库中图片的情况进行赋值。

### 4.2.2　离散小波变换及水平分量优先原则

研究表明,全局和局部特征对人脸的感知和识别都非常重要,全局特征一般用于描述类间变化,以进行粗略匹配,而局部特征则可以提取更多类内变化信息，提供更为精细的身份认证。由于宏观上个体间的面部结构大多比较相似，因此人脸图像的细节信息对识别更凸显其重要意义。但是，使用多层次、多尺度的完整面部细节信息，在提高识别率的同时，势必会伴随特征冗余度增加，当冗余的特征量增加到一定的程度，反而会降低算法的识别效率，使算法的准确度和实用性受到限制。可见，在人脸识别过程中，全局和局部特征究竟起着怎样的作用我们还不得而知，选择哪些特征以及怎样联合这些特征成为这类方法的关键。小波变换能够通过伸缩、平移运算对信号逐步进行多尺度细化分析，可聚焦到信号的任意细节，已广泛应用于图像处理和信号分析领域。对图像进行离散小波分解，能够提取其不同尺度下的尺度系数和 3 个方向上的细节系数，因此使用离散小波分解，可以模拟“由全局至局部”的识别过程。

原始人脸图像经小波分解后，可得到一系列不同分辨率的子图，不同分辨率的子图像对应不同的频率。同一级的高频子图体现出被分解图像在不同方向上的细节，低频子图则包含被分解图像的主要信息。从一级分解后的 4 个子图：低频的尺度系数子图 LL、高频的水平细节子图 LH、高频的垂直细节子图 HL、高频的对角细节子图 HH 中可以看出，人脸的细节大多分布在眼部和嘴部，HH 子图含有的眼部和嘴部的信息量明显少于 LH 和 HL 子图。心理学研究中存在这样的观点：眼睛和嘴巴对正面人脸的感知和记忆是比较重要的。换言之，含有较多眼部和嘴部信息的 LH 子图和 HL 子图能够提取出大部分利于识别的细节信息。同时，我们注意到，眼和嘴均具有狭长形轮廓，故它们的细节在很大程度上又集中于 LH 子图。综上，我们提出水平分量优先原则 HCPP，即人脸图像中，眼部和嘴部对识别的作用大于脸部其他区域；在宏观细节表现上，人脸图像经过离散小波分解后的3 个细节分量中，水平细节分量包含最多利于识别的面部细节特征（本书的实验部分对 HCPP 进行了数据验证)。

### 4.2.3　区域性-方向性加权二元局部模式 RDW-LBP

#### 4.2.3.1　**基本二元局部模式(LBP)及其统一模式(Uniform LBP)**

LBP 是根据局部区域的中心像素灰度值和其邻域像素灰度值的二值关系生成其对应的十进制编码,再通过计算图像 LBP 图谱的直方图去描述纹理细节。基本的 LBP 算子由一个 3×3 的矩阵构成,矩阵中包含 9 个像素点的灰度值。假定中心像素点的灰度值为 $g_c$,周围的 8 个像素分别为 $g_0 \sim g_7$(见图4-2),则基本 LBP 计算公式为:

$$LBP(g_c,g_i) = \sum_{k=0}^{7} 2^k S(g_i - g_c) \tag{4-1}$$

$$S(g_i - g_c) = \begin{cases} 1 & g_i - g_c \geqslant 0 \\ 0 & g_i - g_c < 0 \end{cases} \tag{4-2}$$

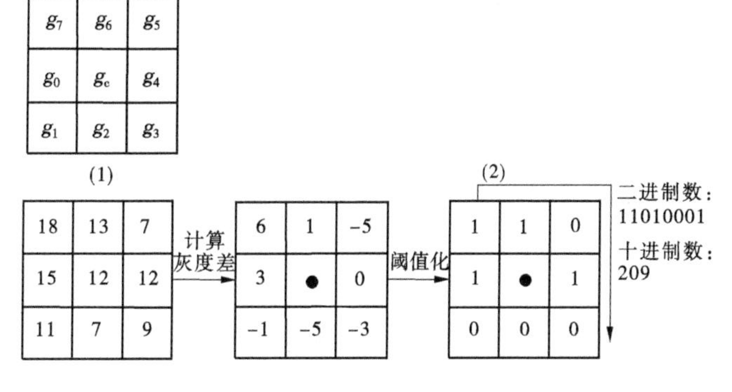


**图4-2　基本 LBP 算子**

为了提高 LBP 算子的旋转不变形,将正方形邻域改进为任意半径的圆形邻域(见图4-3,这里用 $RP,LBP$ 表示半径为 $R$ 的圆形邻域,采样点是 $P$)。但是,采样点的数量限定了二值模式的种类,由于半径增大,导致可取的采样点数量增多,相应的二值模式也骤增。仍以邻域采样点 8 个为例,经过实验,28 种模式中有很多模式是很少被使用的。因此,统一模式(Uniform Patterns)被提出,用于降低模式数量。Uniform LBP 规定二进制编码中 0→1 和 1→0 变化的次数小于 2,即为统一模式,这种情况下的编码方式不变;其余的情况均为非统一模式,所有的非统一模式都记作一个相同编码。那么 1,8LBP 的 Uniform LBP 编码模式(记作 $LBP_{P,R}^{u2}$)数量由 256 种降低至 59 种。尽管模式数量大幅度降低,但并没有影响其提取的信息量。Ojala 等在实验中注意到,当使用(8,1)邻域,所有的模式中统一模式所占比例大约为 90%,而(16,2)中统一模式占的比例约为 70%。他们发现在处理 FERET 脸部图像时,在(8,1)中统一模式占 90.6%,(8,2)中占 85.2%。

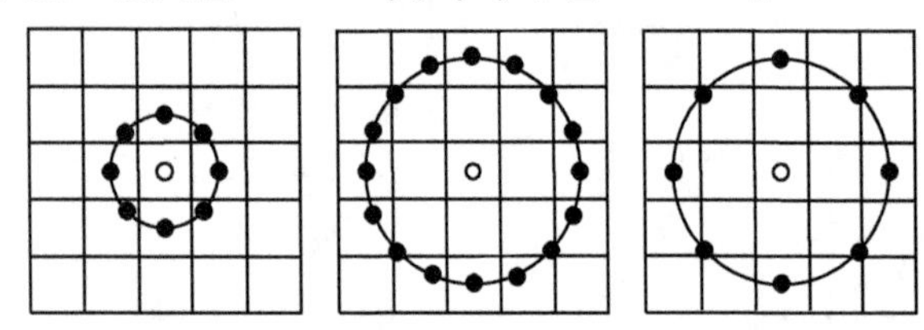

**图 4-3 不同邻域和采样数的 LBP 算子**

在自然条件下,统计特征和规律特征是纹理的两种特征。因此,如果仅仅使用单一的统计分析方法或结构分析方法,都难以取得理想的分类效果。而从 LBP 算子的定义上,可以认为它是一种融合统计方法和结构分析方法两类的纹理特征提取工具。LBP 用一个局部区域的确定数量的模式来描述纹理。每个像素在 LBP 中,都会寻找到一个与其最匹配的原始纹理形成的码。可见 LBP 是一种微观结构描述算子,LBP 分布具有结构分析的特点;另一方面,这种分布又可以看作是图像经过一种非线性滤波后的统计,这又具有统计分析方法的特点。因此,LBP 能够克服传统的单一采用统计或结构方法的不足,具有较强的纹理特征描述能力。

#### 4.2.3.2　方向性加权二元局部模式 DW－LBP

根据 HCPP，本书提出在纹理基元上根据不同方向加权的二元局部模式 DW－LBP。DW－LBP 认为，人脸图像这种特殊的纹理，同样符合 HCPP，故其局部邻域中的像素不应分配以同等的权重，而应区别对待。由于水平方向信息更有利于识别，因此对于水平方向的灰度变化应赋予较大权重。以 3×3 矩阵的 8 邻域像素为例（见图 4-4，其中不同的灰度代表不同的权重。颜色由深至浅，权重由大到小），$g_2$和 $g_6$处于中心像素 $g_c$的正下方和正上方，它们和中心像素的灰度差代表了局部纹理在水平方向的亮度变化，因此其权重最大；$g_0$和 $g_4$位于中心像素的水平左右邻，其权重次之；$g_1$、$g_3$、$g_5$和 $g_7$与中心像素呈现对角位置，其权重最小。

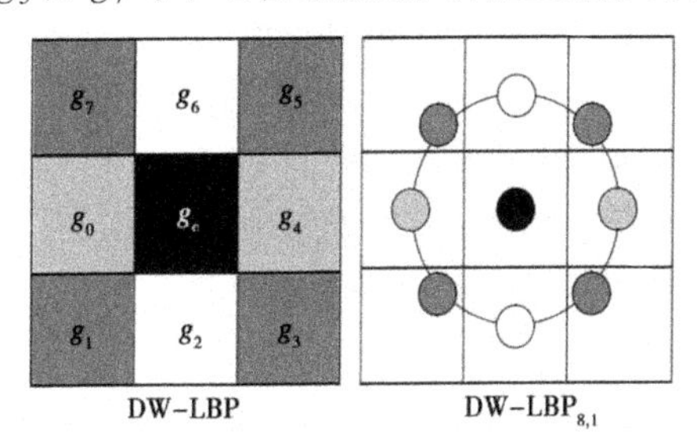


图 4-4　DW－LBP 算子

推广至圆形邻域的 $LBP_{P,R}$编码模式，$g_c$八邻域的像素权重由大至小依次为：正上与正下像素、水平左与水平右像素、对角 45°像素。这里，本书使用像素灰度差的阈值大小来体现不同的权重，对于权重最大的正上方和正下方像素，其与中心像素的二值化阈值与基本 LBP 算子计算方式相同，而对于其他权值较小的像素，则设定不同的二值化阈值（例如图 4-4 中，深灰色代表阈值 $\delta_2$为 1.0，浅灰色代表阈值 $\delta_1$为 0.5，白色代表阈值 $\delta_0$ 为 0）。这样，对于 3×3 基元矩阵的 DW－LBP 的计算公式演变为式（4-3）、式（4-4）。注意到，当 $\delta_0=\delta_1=\delta_2$时，DW－LBP 转变为基本 LBP：

$$DW-LBP(g_c,g_i)=\sum_{k=0}^{7}2^k S(g_i-g_c) \tag{4-3}$$

$$\begin{cases} S(g_i-g_c \mid i=2,6)=\begin{cases}1 & g_i-g_c\geqslant 0\\ 0 & g_i-g_c<0\end{cases} \\ S(g_i-g_c \mid i=0,4)=\begin{cases}1 & g_i-g_c\geqslant g_1\\ 0 & g_i-g_c<g_2\end{cases} \\ S(g_i-g_c \mid i=1,3,5,7)=\begin{cases}1 & g_i-g_c\geqslant g_2\\ 0 & g_i-g_c<g_2\end{cases}\end{cases} \tag{4-4}$$

相应可推广到圆形邻域的 DW－$LBP_{P,R}$编码模式。由于圆形邻域的像素对称性,我们可以推算[0°,90°]区间的阈值设定情况,再通过对称变换,即可得到整个圆域的阈值分布。假定圆形邻域内有 $P$ 个采样像素点,$P=2^k$ 。则圆域的像素编号如图 4-5(a)所示,将圆周分为 4 个区间,取第Ⅳ区间为例进行阈值排序分析。遵循 HCPP,越接近于编号 $g_{4\times 2^{k-2}}$ 像素的点,其对应的二值化阈值 $\delta_i(i=1,2,\cdots,k)$越小,越接近于编号 $g_{3\frac{1}{2}\times 2^{k-2}-1}$ 像素的点,其对应的二值化阈值越大。所有阈值呈折线形分布,且有 $\delta_0\leqslant\delta_1\leqslant\cdots\leqslant\delta_k$,呈折线形。因此,DW－$LBP_{P,R}$的编码模式,可以用式(4-6)表达,这里 $BI(\cdot)$代表双线性插值计算:

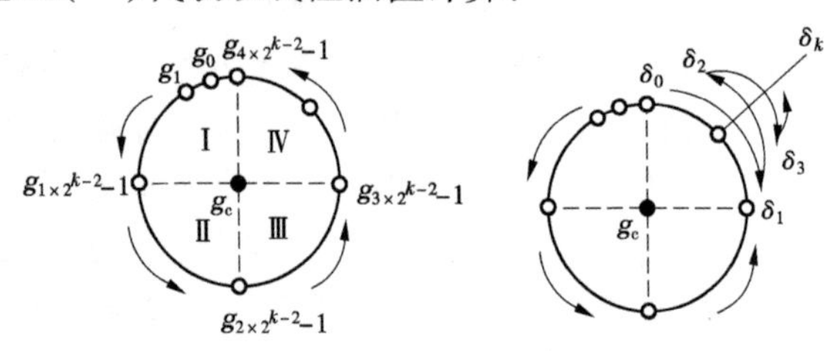


图 4-5 DW－$LBP_{P,R}$权重分布示例图

$$\{g_i \mid i=0,1,\cdots,k\}=BI(g_c,R,\theta) \tag{4-5}$$

$$DW-LBP(g_c)=\sum_{k=0}^{P-1}2^kS(g_i-g_c) \tag{4-6}$$

$$S(g_i-g_c\mid i=0,1,\cdots,P-1)=\begin{cases}1 & g_i-g_c\geqslant\delta_i\\0 & g_i-g_c<\delta_i\end{cases},i=0,1,\cdots,k \tag{4-7}$$

在 $\mathrm{DW-LBP}_{P,R}$ 的基础上计算统一模式的 $\mathrm{DW-LBP}_{P,R}^{u2}$ 和 Ojala 的方式相同，这里不再赘述。为了方便计算，本书下述的 DW－LBP 均使用 3×3 基元矩阵的统一模式进行分析。

#### 4.2.3.3　区域性－方向性加权二元局部模式 RDW－LBP

在 DW－LBP 的基础上，结合 HCPP 和文献中的加权算法，在宏观上对面部不同分块进行加权。图 4-6 显示了将 64×64 分辨率的脸部图像划分为不同数量的子块，以及子块的加权情况。加权的依据是：眼部分块具有最大的权重（深灰色），嘴部分块权重次之（浅灰色），面颊和额头部位的权重再次（白色），其余部位权重为 0，代表可以不列入计算的区域（黑色）。在实际应用中，可以根据人脸定位的结果进行权重调整。

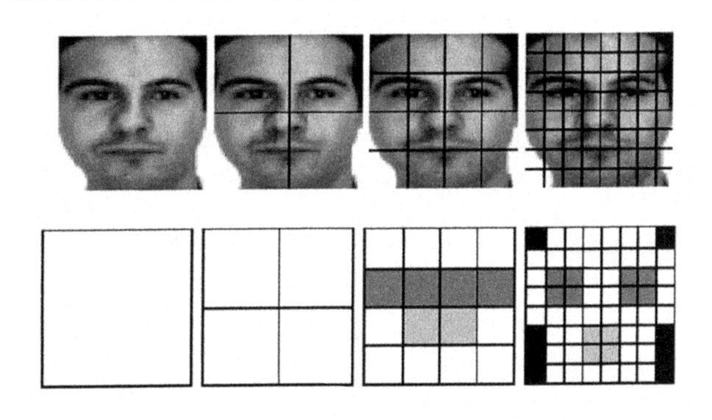

图 4-6　人脸图像子区域权重示例

## 4.2.4　基于 RDW - LBP 的人脸识别分类器设计

### 4.2.4.1　常用分类器

当提取出能够恰当描述人脸的特征向量后，就需要设计有效的分类器，对特征向量进行分类处理，以确定待识别人员的身份。分类器的作用非常重要，它起到决策机制的作用。如果分类器的性能比较优秀，有时即使提取的特征不够好，也能够达到比较理想的分类结果；相反，如果分类器设计得不好，再具有鉴别性的特征向量，也未必能够达到较好的分类结果。日常使用的人脸识别系统，一般有实时性的要求，而且很多系统是搭建在嵌入式系统中的，对整体算法的时间和空间开销就都具有非常严格的限制，因此分类器的复杂度不能过高。下面介绍几种在人脸识别中常用的分类器，即最近邻分类器和线性分类器。

1. 最近邻分类器(Nearest Neighbor Classifier)

最近邻分类器是模式识别领域中最常用的分类方法之一，其直观简单，在通常的应用环境中非常有效。因此，在人脸识别问题中有着广泛的应用。最近邻方法是这样定义分类规则的：

假设训练样本 $(X,Y) = \{(x_i,y_i)|i = 1,2,\cdots,n\}$，这里 $x_i$ 代表第 $i$ 个样本的特征向量，$y_i$ 是该样本的类别标签。对于一个新的待分类样本 $x_t$，最近邻分类器预测该样本的标签的方法是，寻找与 $x_t$ 距离度量最近的训练样本，然后把该训练样本的标签作为待测试样本 $x_t$ 的标签 $y_t'$，即

$$y_t' = y_t \qquad \text{如果 } d(x_i,x_t) = \arg\min_j d(x_j,x_t) \quad j = 1,2,\cdots,n \tag{4-8}$$

这里 $d(x_i,x_t)$ 代表样本 $x_i$ 与样本 $x_t$ 之间的距离度量。

最近邻的算法非常直观，也容易被实现，它通过距离测试样本最近的训练样本的标签预测当前测试样本的类别，可以适用于任

何分布的数据,而且已有文献证明,在样本足够多的情况下,最近邻分类的错误率是比较理想的。假定样本总数为 $N$,记最近邻分类的分类错误率为 $P_N(e)$,当 $P_N(e)$ 是 $N$ 个样本的误差率并且 $P=\lim_{N\to\infty}P_N(e)$ ,贝叶斯最小错误率为 $P^*$,是 $P_N(e)$ 的最小值,$C$ 是分类问题中的类别数目。

$$P^* \leqslant P \leqslant P^*\left(C-\frac{C}{C-1}P^*\right) \tag{4-9}$$

因此,不难得出,当训练样本足够多时,最近邻的分类错误率逼近于贝叶斯错误率。对于两类分类问题,其错误率不会大于2倍贝叶斯错误率。由于最近邻分类器实现简单,并且有较低的错误率的理论支持,因此朴素的最近邻分类器也成为模式识别中常用的分类方法之一。特别地,它是人脸识别领域得到最广泛采用的分类方法之一。

值得说明的是,最近邻分类器中的距离度量有很多种,一般采用欧式距离。特别地,如果特征向量是直方图的形式,那么测试两个向量之间的距离度量相当于计算两个特征直方图之间的相似度。计算两个直方图相似度的距离标准,还包括相关度、卡方、直方图和 Bhattacharyya 距离等。上述提及的距离度量,分别定义如下。

(1)欧氏距离(Euclidean distance)是一个通常采用的距离定义,它是在 $m$ 维空间中两个点之间的真实距离。距离值越小,代表两个直方图距离越近、越相似,反之则代表距离越远。

$$d_{\mathrm{ED}}(H_1,H_2)=\sqrt{\left(\sum_i (H_1(i),H_2(i))^2\right)} \tag{4-10}$$

(2)相关度。两直方图的相关度定义为下式

$$d_{\mathrm{correl}}(H_1,H_2)=\frac{\sum_i H_1'(i),H_2'(i)}{\sqrt{H_1'(i),H_2'(i)}} \tag{4-11}$$

其中

$$H'_k(i) = H_k(i) - (1/N)(\sum_j H_k(j)) \tag{4-12}$$

(3)卡方 Chi - Square:

$$d_{\text{Chi-Square}}(H_1, H_2) = \sum_i \frac{(H_1(i) + H_2(i))^2}{H_1(i) + H_2(i)} \tag{4-13}$$

对于卡方而言,匹配度越高,距离越小,则卡方值越低。完全匹配的值是 0,完全不匹配的值为无限值(依赖于直方图的大小)。

(4)直方图交:

$$d_{\text{interection}}(H_1, H_2) = \min(H_1(i), H_2(i))^2 \tag{4-14}$$

图都被归一化到 1,那么完全匹配(零距离)的值是 1,完全不匹配的值是 0。

(5)Bhattacharyya 距离,又被称为巴氏距离。巴氏距离可用来对两组特征直方图的相关性进行测量,其常用来作分类器算法。巴氏距离被定义为:

$$d_{\text{Bhattacharyya}}(H_1, H_2) = \sqrt{1 - \sum \frac{\sqrt{H_1(i) \cdot H_2(i)}}{\sum_i H_1(i) \cdot \sum_i H_2(i)}} \tag{4-15}$$

对于 Bhattacharyya 距离,数值越小表示越匹配,距离越近,而数值越高表示越不匹配,距离越远。两个直方图完全匹配则值为 0,完全不匹配则距离是 1。

2. 线性分类器(Linear Classifier)

一个分类算法将输入的向量空间分成若干个部分,每一个部分对应一个类别,那么不同部分之间的分界面就称为决策面。假设输入的向量空间为 $N$ 维空间,那么其分类决策面就是一个 $(N-1)$ 的超平面。线性分类器就是试图在 $N$ 维空间中寻找能够恰当分割不同类别的决策面,当 $N=2$ 时,决策面就退化成一条直线。最简单的线性分类器就是定义一个线性鉴别函数。将输入向量分类的函数可以是线性的（当然也可以是非线性的），此时称这个分类函数是线性鉴别函数。如果决策面是输入向量的线性函数，那么我们就称这种分类模型是线性分类模型。

例如，简单的两类分类问题线性鉴别函数如下：

$$f(X) = W^{\mathrm{T}}X + \omega_0 \tag{4-16}$$

这里 $W$ 是权向量，$\omega_0$ 是一个偏置。决策面则是 $f(X)=0$ 所表示的平面。如图 4-7 中粗线显示的决策面。当然，这个线性分类决策面的求解方法有很多种。下面介绍在模式分类领域，尤其是人脸识别领域最为经典的 Fisher 线性判别分析。

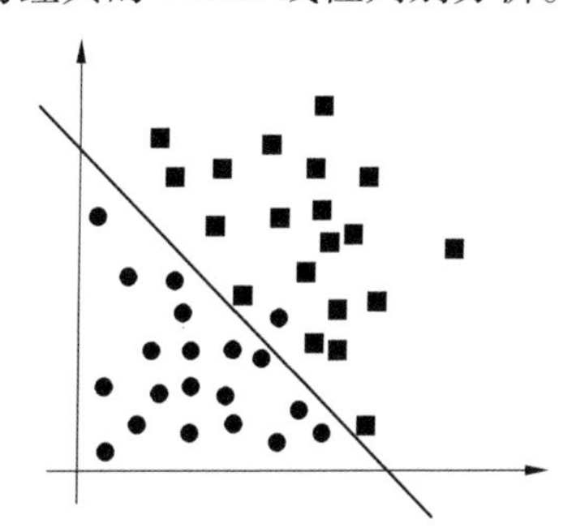

**图 4-7　一个两类分类问题线性分类示意图**

Fisher 线性判别分析是线性判别分析的一个重要组成部分，其核心思想是寻找一个从高维特征空间到低维特征空间的映射，这个映射能够使得要分类的数据在低维空间最容易分开。最原始的 Fisher 线性判别分析主要针对两类分类问题，Fisher 线性判别分析通过定义判别准则实现寻找最适当的投影直线。将两类分类问题推广到多类问题，那么就成为常说的线性鉴别分析 FLDA（Fisher Linear Discriminant Analysis，FLDA，常简写作 LDA）。

在人脸识别问题中，假定所有样本总共含有 $C$ 类，总的训练样本数为 $N$，$n_i$ 为每一类的样本数。LDA 的目标是使得降维后的低维空间中，同一类的样本的分布能够尽可能地紧凑，而不同类的样本分布能够尽量松散,亦即类内离散度最小,同时类间离散度最大。令 $X=\{x_1,x_2,\cdots,x_N\}$ 是所有的训练样本,$x_t\in R^D$。那么定义类间离散度矩阵 $S_b$ 和类内离散度矩阵 $S_w$ 为:

$$S_b=\sum_{i=1}^{c}\frac{n_i}{N}(\mu_i-\mu)(\mu_i-\mu)^{\mathrm{T}} \tag{4-17}$$

$$S_w=\frac{1}{N}\sum_{i=1}^{c}\sum_{j=1}^{n_i}(x_{ij}-\mu_i)(x_{ij}-\mu_i)^{\mathrm{T}} \tag{4-18}$$

式中,$x_{ij}$ 代表第 $i$ 类中的第 $j$ 个训练样本;$\mu_i=\frac{1}{n_i}\sum_{j=1}^{n_i}x_{ij}$,代表第 $i$ 类样本的样本均值;$\mu=\frac{1}{N}\sum_{t=1}^{N}x_t$,代表所有样本的样本均值。

LDA 的准则函数是类内离散度矩阵 $S_w$ 和类间离散度矩阵 $S_b$ 的行列式的比值,即

$$J(W)=\arg\max_{W}\frac{W^{\mathrm{T}}S_bW}{W^{\mathrm{T}}S_wW} \tag{4-19}$$

有研究证明,求解式(4-19)的投影矩阵 $W$,等价于求解下面的广义特征值方程 $S_bw_i=\lambda_iS_ww_i$。这里 $\lambda_i$ 是方程的某一特征根,$w_i$ 对应于投影矩阵 $W$ 的列向量,它是对应 $\lambda_i$ 的特征向量。一般地,取 $\lambda_i$ 的非零值(过小的值也不取),因此投影矩阵 $W$ 可以将 $D$ 维空间的样本,降低到 $d$ 维($d<D$),同时在 $d$ 维空间中,样本分布能够满足类内离散度尽量小,同时类间离散度尽量大,使得它们更容易分开。需要强调的是,由于人脸图像本身是高维数样本,而一般在实际应用时,往往无法收集到足够多的训练样本,这就导致出现样本数目小于特征维数的问题,即"小样本问题"。小样本问题导致类内离散度矩阵 $S_w$ 奇异,无法直接对广义特征值方程进行计算。最常用的解决小样本问题的方式是,首先通过主成分分析 PCA(Principal Component Analysis)降低样本维数,使得在进行 LDA 之前的样本维数尽量小于或者接近样本数量,这样在进行

LDA 时即可解决 $S_w$ 奇异问题，上述的 PCA + LDA 进行人脸识别的方法，就是人脸识别领域经典的 Fisherfaces。

#### 4.2.4.2　分类器设计

基于 RDW - LBP 的人脸描述方法的人脸分类器采用 Chi - Square 距离计算特征直方图间的测相似度，并使用最近邻分类器分类。假定使用 $n$ 级小波分解，可得到多级分解后的尺度系数和细节系数，记作 $\{LL_n, LH_n, HL_n, HH_n, LH_{n-1}, HL_{n-1}, HH_{n-1}, \cdots, LH_1, HL_1, HH_1\}$。将分解后的多级尺度系数 $\{LL_n, LL_{n-1}, \cdots, LL_1\}$ 和一级水平细节系数 $LH_1$，共 $n+1$ 个子图，每一个子图分成 $m \times m$ 个子区域，分别对每个子区域计算 DW - LBP 直方图，并将所有的 DW - LBP 直方图串接为一个序列 $\Re$ 作为最终的人脸特征。同时，设 $w_{rk}$ 是第 $k$ 个子图的第 $r$ 个子区域的权值，$i$ 代表特征直方图的第 $i$ 个 bin，则样本图像特征直方图 $\Re^s$ 和测试图像特征直方图 $\Re^t$ 的相似度如下：$\chi_w^2(\Re^s, \Re^t)$ 如下：

$$\Re = (H_{1,1}, \cdots, H_{1,m^2-1}, \cdots, H_{n+1,1}, \cdots, H_{n+1,m^2-1}) \quad (4\text{-}20)$$

$$\chi_w^2(\Re^s, \Re^t) = \sum_{k,r,i} w_{k,r} \frac{(R_{i,r,k}^s - R_{i,r,k}^t)^2}{R_{i,r,k}^s + R_{i,r,k}^t}, R = \Re \quad (4\text{-}21)$$

## 4.3　实验与分析

为了测试 RDW - LBP 的算法性能，本书选取了人脸识别研究领域中最常用的两个人脸测试数据库进行测试，分别为 AR 人脸库和 ORL 人脸库。为了排除性别不同而带来的算法识别率变化，本书从 AR 人脸库中的 70 名男性中随机挑选 50 人，与 50 名女性共同组成训练及测试人脸库。由于本书着重测试对于无遮挡环境下的算法识别效率，因此从每人 24 张图片中选出没有遮挡的 12 张图片，其中 Session1 中的 6 张用于训练，Session2 中的 6 张用于测试。而 ORL 人脸库中，本书实验时选择每位志愿者编号为奇数的 5 张图片进行训练,编号为偶数的 5 张图片用于测试。

### 4.3.1 HCPP 验证测试

由于 DW - LBP 和 RDW - LBP 均建立在 HCPP 的基础之上。在本节中,将分别对不同的人脸测试库进行测试,为 HCPP 提供数据支持。测试方法为,对预处理后人脸图像进行离散 Haar 小波的一级分解,将分解后的 4 个系数子图分别作为待分析系数子图矩阵 M1。使用 16×16 的子块边长分割 M1,并提取其各个子区域的基本 LBP 特征直方图,连接后作为特征向量,使用 Chi - Square 距离计算识别率。表 4-1 显示了识别结果。从表 4-1 中可以看出,一级小波分解后的 4 个分量中,LL 分量包含最为完整的人脸信息,单独使用此分量识别正面人脸,即可获得较高的识别率;LH 分量和 HL 分量的识别率较高,但在 3 组人脸库上,LH 分量的平均识别率比 HL 高 18.08%,这验证了在人脸图像这种特殊的纹理中,水平细节分量提供的有效识别信息高于垂直细节分量的原则;HH 分量在 3 组人脸库上的平均识别率仅有 8.00%,可见对角细节对识别的贡献率极低。因此,从对比数据可以看出,在微观上,人脸图像中的水平细节对识别率具有最大的贡献率,其大于垂直分量和对角分量,这验证了 HCPP 的正确性。

**表 4-1　Haar 小波一级分解后各分量的 LBP 特征识别率　(%)**

| 训练样本 | LL | LH | HL | HH |
|---|---|---|---|---|
| AR | 95.67 | 49.83 | 44.17 | 6.50 |
| ORL | 98.50 | 84.50 | 54.00 | 9.50 |

### 4.3.2 算法测试数据对比及分析

#### 4.3.2.1 小波类型对识别率的影响

由于不同的小波基对图像分解会产生不同的结果(见

图4-8)，为了测试小波类型对识别率的影响，本书对比了 Haar 小波，Daubechies-4 小波和 Sym-4 小波分别在 AR 和 ORL 人脸库上的识别情况。测试时，将一级小波分解后系数子图 LL+LH 组合，作为待分析系数子图矩阵 M2。表4-2 显示了小波基对最终识别率的影响。从各组的 LL+LH 列数据中可以看出，Haar 小波显示出最优的识别效果，其平均识别率分别比 Daubechies-4 小波和 Sym-4 小波高0.42%和0.67%。其主要原因是，虽然3种小波一级分解后的低频分量 LL 中，Haar 小波的信息保留是最不完整的，但相应其保留了最丰富的高频 LH 细节。对人脸识别而言，不同小波基获得的低频分量相差并不明显，高频分量提供细节信息越多，越有利于提升识别率，因此综合而言，使用 Haar 小波的最终识别率是最优的。

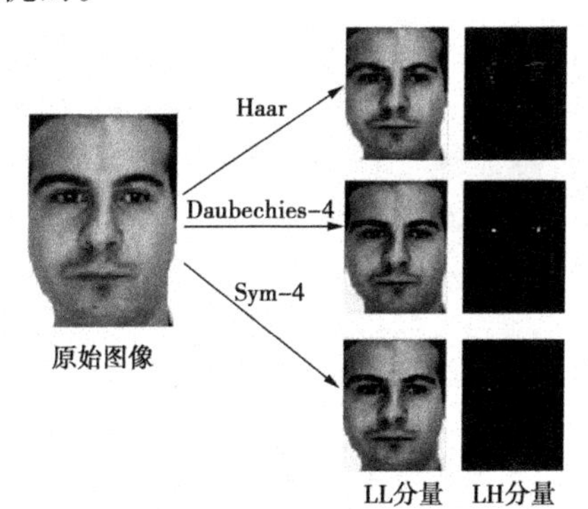


图4-8　不同小波基分解后的 LH 系数图谱

表4-2　小波一级分解后 LL+LH 及 LL 的 LBP 特征识别率(%)

| 训练样本 | Haar | | Daubechies-4 | | Sym-4 | |
|---|---|---|---|---|---|---|
| | LL+LH | LL | LL+LH | LL | LL+LH | LL |
| AR | 96.50 | 95.67 | 96.17 | 93.67 | 95.67 | 94.83 |
| ORL | 99.00 | 98.50 | 98.50 | 98.50 | 98.50 | 98.50 |

#### 4.3.2.2 小波分解层数对识别率的影响

小波是多尺度分析的重要工具,不同的分解层数能够提取出不同尺度下的细节,体现不同的面部特征。但由于 LBP 算子描述的是局部纹理特征,其计算的纹理基元一般为 3 ×3 或 $R = \{1,2\}$,过多的分解层数,将会导致待分析子图矩阵的像素数量过少,LBP 算子会对噪声更为敏感,反而会影响识别。因此,本节中测试不同的小波分解层数对最终识别率的影响。这里选用前文验证过识别率最高的 Haar 小波作为小波基,分别测试分解 1 级、2 级和 3 级后,待分析系数子图矩阵 M3 = LL + LH、M4 = LL2 + LL1 + LH1 和 M5 = LL3 + LL2 + LL1 + LH1 的基本 LBP 特征的识别情况(见表 4-3)。这里仍使用 HE 算法进行光照补偿,每一级分量均剖分成 4 ×4 个子区域。从表 4-3 中的对比数据可以看出,增加 Haar 小波的分解层数,能够提高最终的识别率。但是并非分解层数越多越好,Haar 小波分解 3 层后的平均识别率较 2 级分解的平均识别率有所下降,且纹理特征维数增加 944 维,也将导致处理速度的下降。所以,本书选取平均识别率最高的 Haar 小波 2 层分解后的 M4 作为待分析系数子图矩阵。

表 4-3 Haar 小波不同分解层数下的 LBP 特征识别率 (%)

| 训练样本 | M3 = LL + LH | M4 = LL2 + LL1 + LH1 | M5 = LL3 + LL2 + LL1 + LH1 |
|---|---|---|---|
| AR | 96.50 | 96.67 | 96.50 |
| ORL | 99.00 | 99.00 | 99.00 |

#### 4.3.2.3 不同算法的识别率对比

本节中,使用以上的 Haar 小波基和 2 层分解形式,近一步测试本书提出的 RDW - L 人脸识别特征的识别率,这里选择

Fisherfaces 和 LBP 识别算法进行识别率测试及对比分析。同时，也分别测试了在 HE 和 LOG - DCT + Gamma 两种光线补偿算法下的识别率情况。从图 4-9 和图 4-10 的识别率对比情况看出，在光照变化范围较小的情况下(例如 AR 和 ORL 人脸库)，采用 HE 算法就能够达到较好的补偿效果，而 LOG - DCT + Gamma 校正算法，对此类情况下的补偿效果并不明显，且算法淡化了局部纹理的对比度，反而不利于从提取纹理特征的角度进行识别。在采用 HE 算法进行补偿的结果中，本书提出的 Haar + RDW - LBP 算法在 AR 和 ORL 人脸库上都取得了最佳识别率，分别为 98.00% 和 99.50%，即在 AR 人脸的 600 张测试图片中，正确识别出 588 张，这个结果分别比 Fisherfaces、LBP 和 Haar + LBP 的识别率分别提高 7.50%、2.50% 和 1.33%；在 ORL 人脸库的 200 张测试图片中，正确识别出 199 张，这个结果分别比 Fisherfaces、LBP 和Haar + LBP 的识别率提高 7.00%、1.00% 和 0.50%。实验数据显示，RDW - LBP 具有较强的人脸纹理特征描述能力和对表情、姿态的鲁棒性。

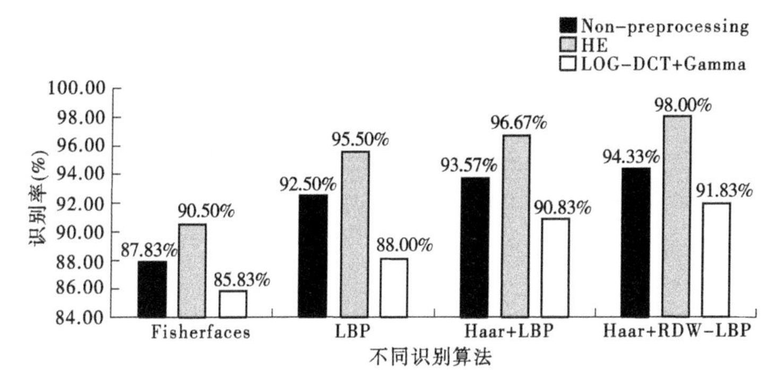


图 4-9 本书算法和对比算法在 AR 人脸库上的识别率情况

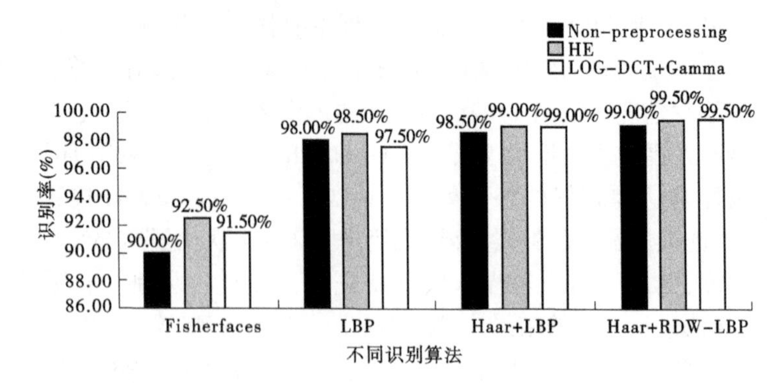


图 4-10 本书算法和对比算法在 ORL 人脸库上的识别率情况

## 4.4 算法结论

提高人脸识别算法的识别率和鲁棒性,一直是此项课题的一个主要研究目标。针对这个问题,本书首先分析了人脸图像方向性细节对识别率的影响,提出并验证了 HCPP 结论。结合 HCPP,提出一种基于多尺度区域性 - 方向性加权的规范型二元局部纹理描述算子 RDW - LBP 的鲁棒人脸识别算法。实验结果表明,第一,本书提出的 HCPP 是合理且正确的;第二,相对于 Ojala 提出的 LBP 算子,本书提出的 RDW - LBP 算子在未增加算子计算复杂度的前提下,有效提高了识别率。

## 4.5 基于 LTP 子模式的人脸识别

### 4.5.1 基本的局部三元模式

基本的 LTP 特征,在提取时,首先需要选择一个局部特征提取邻域,为了提升其旋转不变性,一般选择圆形邻域。令中心像素

点的灰度值为 $g_c$，$P$ 代表周围采样点数量，若 $P=8$，则表示周围采样 8 个像素点，记作 8 个像素分别为 $g_0 \sim g_7$。令 $R$ 代表圆形邻域的半径。LTP 在编码阶段，将周围采样点像素灰度值与设定中心阈值 $g_c$ 比较大小，比较的结果量化为三种取值方式，即 -1、0 和 +1。公式表达为：

$$S(g_i - g_c) = \begin{cases} -1 & g_i - g_c \leqslant -t \\ 0 & |g_i - g_c| < 0 \\ +1 & g_i - g_c \geqslant +t \end{cases} \tag{4-22}$$

那么 LTP 的编码公式对应为：

$$LTP_{P,R}(g_c, g_i) = \sum_{k=0}^{P-1} 3^k \cdot S(g_i - g_c) \tag{4-23}$$

LTP 中的阈值 $t$ 由人工设定，周围采样点灰度与中心像素灰度的差，由原 LBP 量化时的大于或者小于改进到一个可调节的松弛范围之内。因此，相较于 LBP 而言，LTP 增加了描述纹理的模式种类。图 4-11 描述了一个阈值 $t=3$ 时 LTP 的编码过程。

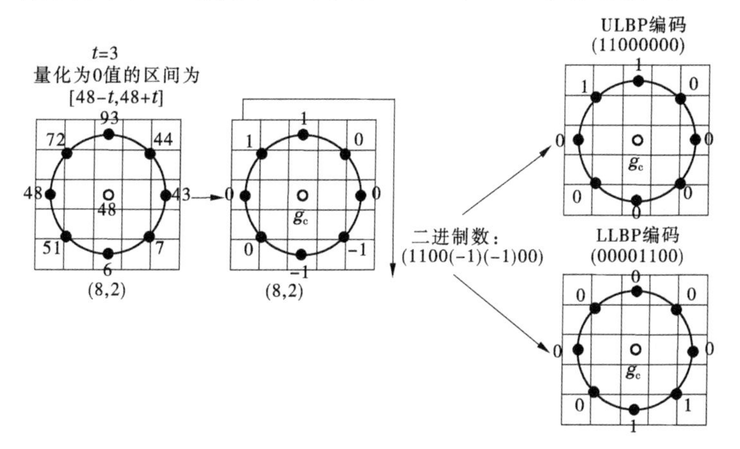


图 4-11　基本 LTP 算子

为了简化计算，将 LTP 纹理模式拆分成 ULBP(Upper LBP)和 LLBP(Lower LBP)两个 LBP 纹理模式进行处理。仍以图 4-11 为例，简化计算方法具体如下：

(1)ULBP：用 0 替换掉编码中的 -1，LTP 编码中的 0 和 1 保持不变，这样 LTP 的正向编码为(11000000)。

(2)LLBP：用 0 替换掉编码中的 1，LTP 编码中的 0 和 -1 保持不变，再对整个编码取绝对值，LTP 的负向编码即为(00001100)。

经过上述的计算拆分，一个 LTP 模式就可以由两次 LBP 编码方式表示，计算量没有大幅度增加。但是，LTP 提取的特征空间维数，就 LBP 而言更大，这样既缺乏特征描述的紧致性，又增加了后续匹配分类时的计算量。

### 4.5.2 基于 LTP 子模式(LTP - SP)的人脸识别

从 LTP 的定义可知，如果不使用拆分的 LTP 编码方式，那么其模式较 LBP 将会大幅度增加。以$(P,R)=(8,2)$的采样方式为例，非统一模式的 LBP 编码可能有 $2^8=256$ 种，而对应的 LTP 编码可能有 $3^8=6\,561$ 种，大约相当于 LBP 模式的 25.6 倍之多。如果将 LTP 拆分成 2 个 LBP 编码来计算，一个像素点的 LTP 的编码长度则相当于 2 倍的 LBP 编码长度，这仍然比 LBP 算子提取的特征维数要大不少。并且经过实验发现，尽管 LTP 的模式很多，但是并不是所有模式都会经常出现，很多模式存在，但是却很少能够在描述图像特征的时候发挥作用。换句话说，少量的 LTP 模式会占据极大概率下的出现频次，这就是所谓的描述特征的紧致性不够。为了解决以上问题，本书提出一种改进策略——LTP 子模式。

LTP 子模式是根据 Fisher 降维思想提出的一种更加紧致的 LTP 模式。我们知道，过多的维数，不仅会增加分类时的计算复杂度和空间存储要求，有时还会导致特征的“过描述”状态，增加分类的难度。因此,考虑首先经过有效的维数约减手段,在保证大多数抽取出的特征信息的基础上,降低特征维数,增加特征的紧致性。

Fisher 降维是维数约减时常用的方法之一,它能够在降维的同时,增加不同类样本特征之间的可分性。但是,LTP 特征维数一般都很高,大大多于训练的样本数量,即 Fisher 降维会遇到"小样本"问题,所以在进行 Fisher 降维之前,首先对样本集的 LTP 特征空间进行 PCA 处理,使 LTP 特征空间维数小于或者接近训练样本数量,解决 Fisher 降维时样本特征类内散度矩阵奇异的问题,避免小样本情况的出现。在人脸识别领域,PCA + LDA 的分类方法应用于人脸识别被称为 Fisherfaces。因此,本书提出的 LTP 子模式,其实质就是基于 LTP 的 Fisherfaces,算法的主要流程如图 4-12 所示。

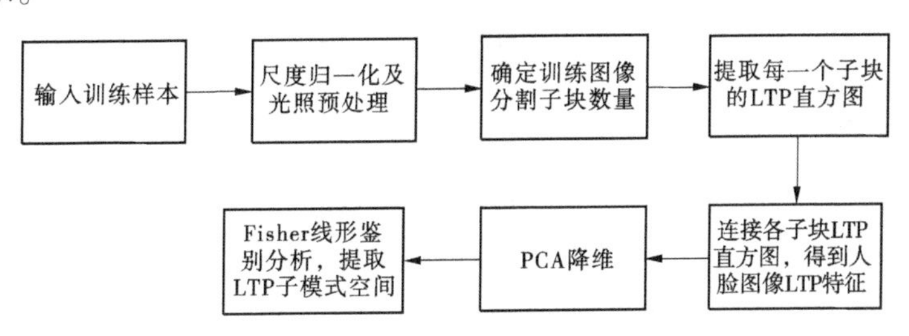


**图 4-12　LTP - SP 空间提取流程**

通过分析,与原始 LTP 特征相比,LTP - SP 主要具有以下三方面的优势:

第一,LTP - SP 更能代表图像的本质信息。

尽管使用 PCA 降低 LTP 原始模式的维数去获得其子模式,但是由 PCA 的特征根累计贡献率决定了其子模式都能保证获得较多的有用信息。由于图像种类繁多,而不同种类的图像都有其不同的关键特征信息。使用原始 LTP 模式,过高的特征维数导致其不够紧致。而 PCA 能够找到原始数据的最佳简约表示，得到不同应用下更具类代表性的模式。

第二，维数约减过程灵活。

可以根据需求选择子模式所占总模式的百分比（这取决于 PCA 设定的累计贡献率）。LTP 子模式在计算过程中，PCA 步骤去除了模式之间的相关性，抽取出来的分量特征描述的能力更强。同时，在 PCA 变换中舍弃一部分特征值较小的特征分量，这可以抑止噪声的影响。

第三，子模式更具线性可分性。

最终的子模式投影矩阵由 Fisher 鉴别分析给出。我们知道，如果样本是满足独立同分布的，并且其是线性可分的，那么多类的 Fisher 鉴别分析能够找到获得贝叶斯最小误差下的分类超平面。因此，当对原始 LTP 模式施行 PCA 后，若使用线性分类方法，那么基于 Fisher 准则的 LDA 算法是最为理想和快速的首选方法。

## 4.5.3 实验与分析

### 4.5.3.1 LTP 与 LTP－SP 特征的分类性能对比实验

为了比较原始 LTP 模式和 LTP 子模式在特征提取方面的性能，本书将这两种方法在 ORL 人脸数据库上进行了实验。我们只对原始 LTP 模式和 LTP 子模式的有效性和特征维数进行比较。实验中 LTP 子模式在 PCA 降维时，保留 90% 的信息。ORL 库中，每个人的 10 幅人脸图像，训练时使用前 5 幅图像，后 5 幅用作测试。使用基于卡方的最近邻分类器进行分类。实验结果显示在表 4-4，其中对人脸图像的分块分别为 $2\times2$、$3\times3$ 和 $4\times4$，$(P,R)=(8,2)$。从表 4-4 中可以看出，LTP 子模式尽管特征维数均比原始 LTP 模式的维数降低了 2/3 多，但是其识别率反而有明显的提高，这与本书的理论分析是一致的。实验数据证明了 LTP 子模式确实是更加紧致和有效的人脸纹理刻画工具。

表 4-4　LTP 与 LTP 子模式对比　（%）

| 模式 | 2×2 | | 3×3 | | 4×4 | |
|---|---|---|---|---|---|---|
| | 识别率 | 维数 | 识别率 | 维数 | 识别率 | 维数 |
| LTP | 92.50 | 472 | 96.50 | 1 062 | 98.50 | 1 888 |
| LTP 子模式 | 96.50 | 157 | 98.50 | 328 | 98.50 | 589 |

#### 4.5.3.2　人脸图像不同分块情况下的识别率对比

本节采用固定选择训练样本和测试样本的方法，对基于 LTP 子模式特征的人脸识别算法测试识别率。AR 库中选择 Session 1 中的图像作为训练样本，Session 2 中的图像作为测试样本；ORL 选择编号为奇数的图像作为训练样本，偶数编号的图像用来测试。所有样本缩放至 128×128。使用 HE（Histogram Equalization）算法去除光照的影响。取 LTP 算子的半径和采样点数为（8，2），分类器选择基于卡方距离的最近邻分类，PCA 降维的特征值累计贡献率取 90%。对不同分块下的测试结果参见表 4-5。

表 4-5　固定训练样本在不同分割子区域下的识别率　（%）

| 训练样本 | 1×1 | 2×1 | 2×2 | 3×2 | 3×3 | 4×2 | 4×3 | 4×4 |
|---|---|---|---|---|---|---|---|---|
| AR | 53.26 | 76.66 | 82.71 | 86.17 | 91.32 | 90.83 | 92.79 | 94.00 |
| ORL | 86.00 | 96.75 | 96.50 | 98.00 | 98.50 | 98.50 | 99.00 | 99.50 |

从表 4-5 中看出，尽管使用的 LTP－TP 比原始的 LTP 维数少很多，但是仍然能够提取出最有用的鉴别信息，所以识别率仍然要高于基于 LBP 的人脸识别算法性能。同样地，基于 LTP－TP 的人脸识别算法性能也与图像的子块分割有关，其识别率的变化趋势同 LBP 特征识别类似，分块越多，尤其是眼睛和嘴巴部分能够尽量分入同一子块的分割，其识别率就越高。实验数据也从侧面证实了人脸识别的局部特征中，眼睛区域具有最重要的识别信息的理论。

#### 4.5.3.3　随机选择训练样本情况下的识别率对比

本节中采用随机选择训练样本和测试样本的方法，对基于 LTP－TP 特征的人脸识别算法测试识别率。实验取 LTP 算子的半径和采样点数为(8,2)，每组实验测试 10 次。分类器选择基于卡方距离的最近邻分类。测试结果参见表 4-6。表 4-6 显示出基于 LTP－SP 的人脸识别算法在两个测试库上，都取得了超过 99% 的平均识别率。同时，我们还将随机选择样本情况下，分别提取 LTP－SP 与 LBP 进行识别的识别率进行对比。识别率情况见图 4-13。图 4-13 中显示，在不同的分块情况下，LTP－SP 纹理特征比 LBP 特征分类性能稳步提高，这验证了 LTP－SP 的编码方式能够进一步提升对一些面部细节纹理的刻画能力，相当于对 LBP 特征进行了增强，因此其提取特征的分类能力优于 LBP 算子。

**表 4-6　随机挑选训练样本在测试人脸库上的识别率　　(%)**

| 训练样本 | 2×2 | 3×2 | 3×3 | 4×2 | 4×3 | 4×4 |
|---|---|---|---|---|---|---|
| AR | 93.15±2.65 | 95.41±2.23 | 98.57±2.67 | 97.21±1.80 | 98.75±2.44 | 99.00±2.36 |
| ORL | 97.27±2.11 | 98.72±2.26 | 99.50±1.34 | 99.00±1.21 | 99.25±0.95 | 99.75±0.82 |

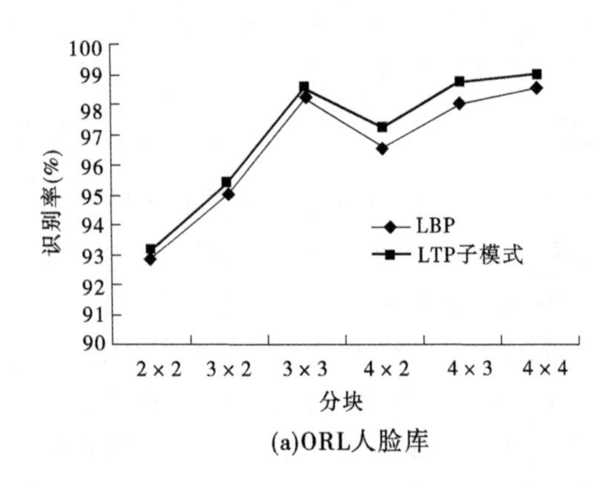

(a)ORL人脸库

图 4-13　LTP 子模式与 LBP 模式人脸库上的识别率对比

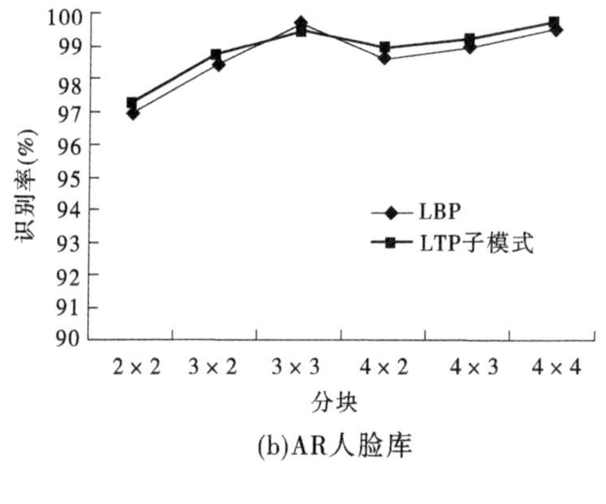


(b)AR人脸库

续图4-13

## 4.6 算法结论

提出了LTP子模式特征。采用主元分析法对不同的人脸图像的LTP特征进行维数约减。同时,使用LDA求得最具鉴别能力的LTP子模式空间,使分类性能进一步提高。实验结果表明,LTP子模式的特征维数不到原始LTP模式的特征维数的30%,但是人脸识别率却有比较明显的提高,这说明该算法有效提高了特征面部纹理刻画能力,降低了噪声的影响,特别是对光照变化具有较强的鲁棒性。同时,实验也证实了LTP子模式比LBP模式具有更强的纹理特征抽取能力。

# 第 5 章　基于统一准则的特征提取与分类方法

## 5.1　引　言

在所有的模式识别问题中,模式特征的提取和分类是两大非常关键的环节。对于同一种分类方法而言,提取的模式特征的好坏会影响分类的效果;同样,对于同一种模式特征,分类器的好坏也会直接影响分类的效果。特征的提取和分类是两个相辅相成的问题,好的模式识别系统需要特征提取系统和分类器有着很好的结合。同样,特征提取和分类识别也是人脸识别系统中的两个最为关键的步骤,需要有着很好的结合,而很好结合的基础就是这两个步骤应该有着统一的理论基础。

但是,在目前的人脸识别方法中,人们常常将分类器的设计和特征提取作为两个单独的部分进行考虑,人们会在多种特征提取方案中选出最具区分度的提取方法,然后从多种分类器中选择出具有最强分类能力的分类器,在两部分单独进行选择的过程中,特征提取与分类方法之间的联系往往会被忽略。

例如基于点到子空间距离的著名算法稀疏表达分类法(SRC),提出 SRC 具有非常好的性能,并指出 SRC 分类器并不限定某种特征提取方法,即使采用随机特征也能达到较好的效果。在本章中,我们提出特征提取与分类识别要基于统一的理论基础的观点,这样的效果会更好。

值得一提的是,近年来,深度学习算法由于其出色的性能,在图像识别领域引起了广泛的关注,深度学习算法是一种将特征提取和分类识别相结合的方法,是一种统一的机器学习模型,但是由于其结构复杂,训练参数庞大,在实际使用中需要大量的训练样本对其进行训练,计算复杂度也较大,故在小样本甚至中等样本规模的问题中,我们并不对深度学习算法进行讨论。

在本章中,我们首先对目前较为典型的特征提取方法和分类法进行分析,并分析其内在的基础原理。然后提出了基于统一基础下的特征提取和分类识别的方法,并对其具体实现做了详细的阐述。本章的实验结果也论证了基于统一基础的特征提取和分类识别方法能够带来更高的识别率。

# 5.2　相关工作

## 5.2.1　两种理论基础

在人脸识别的特征提取和分类识别方法中,几乎所有的方法都是基于两种理论基础的,一种是点到点的距离,一种是点到子空间的距离。这两种理论基础如图 5-1 和图 5-2 所示。图 5-2 中假设组成某类的样本只有 2 个:样本点 1 和样本点 2,则它们形成的子空间是一个平面,点到子空间的距离即测试点到两个样本点组成的平面之间的距离。

### 5.2.1.1　典型的特征提取方法及其理论基础分析

典型的特征提取方法,如 Fisherface,其实质上是一个线性的子空间映射过程,通过将原有的人脸图像映射到一个低维的子空间上,以达到更大的区分度,所以 Fisherface 的核心问题即是寻找到合适的线性映射,该方法也构造了两个量,一个是类间差异 $S_{\text{Between}}$,一个是类内差异 $S_{\text{Within}}$,Fisherface 方法即寻找最合适的线性映射矩阵 $W$,使得类间差异最大,类内差异最小,即

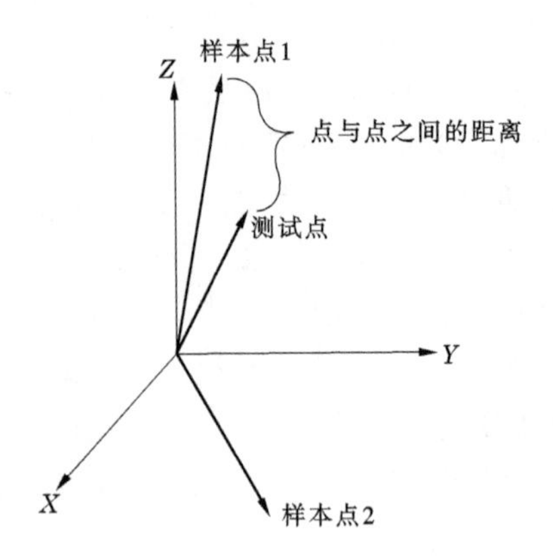


图 5-1　样本点与样本点之间的距离

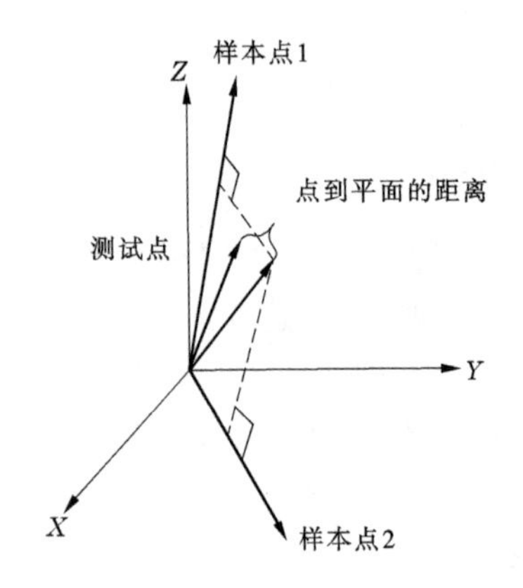


图 5-2　样本点与子空间之间的距离

$$\arg\max_W \frac{|W^T S_{\text{Between}} W|}{|W^T S_{\text{Within}} W|} \tag{5-1}$$

其中,$S_{\text{Between}}$和$S_{\text{Within}}$的计算过程都是遵照点与点之间的距离进行的,在计算类内差异的时候,就是计算类内的某个样本点与类内其他各点的距离和;计算类间差异的时候,也是将某个样本点与

其他类的样本点之间的距离进行求和。设训练数据集中包含 $N$ 个训练样本 $\{x_1, x_2, \cdots, x_N\}$，这 $N$ 个训练样本又分别属于 $C$ 个类别，假设用 $\chi_i$ 代表第 $i$ 个类别，则所有的类别可表示为 $\{\chi_1, \chi_2, \cdots, \chi_N\}$，用 $|\chi_i|$ 表示该子集中样本的个数，$S_{\text{Between}}$ 与 $S_{\text{Within}}$ 的表达式如下：

$$S_{\text{Between}} = \sum_{i=1}^{c} |\chi_i| (\mu_i - \mu)(\mu_i - \mu)^{\text{T}} \tag{5-2}$$

$$S_{\text{Within}} = \sum_{i=1}^{c} \sum_{x_k \in \chi_i} (x_k - \mu)(x_i - \mu_i)^{\text{T}} \tag{5-3}$$

其中，$\mu_i$ 为类 $\chi_i$ 的平均图像；$\mu$ 为所有样本图像的平均图像。

同样，对于另一种经典的特征提取方法主成分分析法（PCA）而言，它是基于点与点之间的距离这一内在原理的。PCA 从本质上讲也是一种线性映射方法，将原图像映射到低维空间，与 Fisherface 法不同的是，PCA 的优化目标并不是使得类间差异最大的同时类内差异最小，而是尽可能地将所有的样本点之间的距离拉开，使得各特征向量之间有更大的区分度。假设所有样本点之间的距离和为 $S_{\text{T}}$，则 PCA 的优化目标是找到最佳的线性映射矩阵 $W$，使得经过 $W$ 的作用后，所有样本点之间的距离和最大，即

$$\arg\max_W |W^{\text{T}} S_T W| \tag{5-4}$$

所有样本点之间的距离和的计算如下：

$$S_T = \sum_{k=1}^{N} (x_k - \mu)(x_k - \mu)^{\text{T}} \tag{5-5}$$

其中，$\mu$ 为所有样本图像的平均图像。

综上，可以看出，典型的特征提取算法如 Fisherface、PCA 等，在计算最优映射的时候，基于的都是样本点与样本点之间的距离。

#### 5.2.1.2　典型的分类识别方法及其理论基础分析

在人脸识别系统中，典型的分类方法，如 K 近邻（KNN）法，其基本原理就是在特征空间中，寻找与待测样本距离最相近的 $K$ 个

样本,如果 $K$ 个样本中的大多数都属于某一类别,则待测样本也属于该类别。这是典型的基于样本点与样本点之间距离的分类方法。

再如 SVM 算法,其基本原理是在特征空间中,找到最优分类超平面,寻找这样的超平面的依据就是使得分类间隔最大,从本质上讲,也是基于点到点距离的分类方法。

在 2009 年,Wright 提出了一种新的分类方法,叫稀疏表达分类器,这种分类器的基本原理是点到子空间的距离。该方法用所有的训练样本作为计算的基础,然后求出一个稀疏的表达向量,从表达向量中就可判断出待测样本是属于哪一类。该方法基于的理论基础是:来自同一个人的不同的图像,不管是存在光线的变化还是表情的变化,都落在同一个低维子空间中。

假设训练样本共有 $k$ 类,其中第 $i$ 类中有 $n_i$ 个训练样本,经过特征提取后的每个训练样本用特征向量 $v$ 来表示,则第 $i$ 类的这些特征向量可以组成一个矩阵 $A_i = [v_{i,1}, v_{i,2}, \cdots, v_{i,ni}]$,然后各类的矩阵 $A_i$ 可构成一个包含所有训练特征向量的矩阵 $A$:

$$A = [A_1, A_2, \cdots, A_k] = [v_{1,1}, v_{1,2}, \cdots, v_{k,n_k}] \tag{5-6}$$

设待分类的未知样本为 $y$,则用所有样本的线性组合来表示 $y$,可以得到

$$y = Ax_0 \tag{5-7}$$

其中,系数 $x_0$ 就是一个稀疏向量,可以表示为 $x_0 = [0, 0, \cdots, 0; \alpha_{i,1}, \alpha_{i,2}, \cdots, \alpha_{i,ni}; 0, 0, \cdots, 0]$,如果未知向量 $y$ 确实属于所有类别中的某一类,则其他类的对应系数都为 0,而非 0 的系数都是对应于 $y$ 对应的那一类。整个算法的过程如图 5-3 所示。

综上,目前大部分典型的识别分类算法如 KNN、SVM 等都是基于点到点的距离,而一些近年来突起的算法如 SRC 是基于点到子空间的距离。

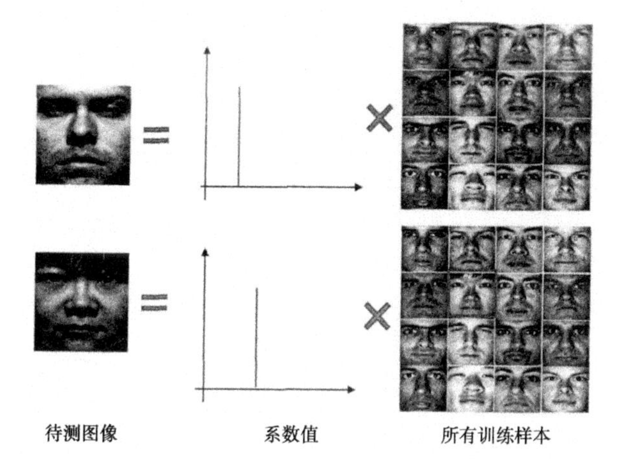


图5-3　稀疏表达算法的示意图

### 5.2.2　目前存在的问题

从上面两节的分析中可看到，几乎所有的特征提取算法和分类识别算法都是基于点到点的距离或者点到子空间的距离。可是在目前的研究中，基本将特征提取和分类识别这两个步骤看成是单独的模块进行分析，忽略了两者之间的联系。尤其是近年来较为火热的分类识别算法例如稀疏表达分类器，虽然其分类识别采用的原理是点到子空间的距离，但是，在进行特征提取的过程中，仍旧采用点到点的距离进行分析。在本章中，我们指出，当特征提取算法与分类识别算法采用统一的原理时，会达到更好的效果。

## 5.3　基于点到子空间距离的特征提取方法

本章中的特征提取方法是基于点到子空间的距离这一评价标准，本章中的基本假设是同一个人的不同人脸图像可构成一个独立的子空间，则对于某个特征向量而言，训练和测试都是基于该特征向量与不同人脸构成的子空间之间的距离。

在本章中，特征提取方法是基于局部特征自学习法的基础上进行改进的，由于采用点到子空间的距离作为评判标准，在自学习的参数优化过程中目标函数的设计有所改变。在自学习的过程中最为重要的两个函数，一是类间差异，二是类内差异，这两个函数的计算不再采取点到点的距离作为基础，而是采用点到子空间的距离，图 5-4 展示了基于点到子空间距离的类内距离和类间距离。

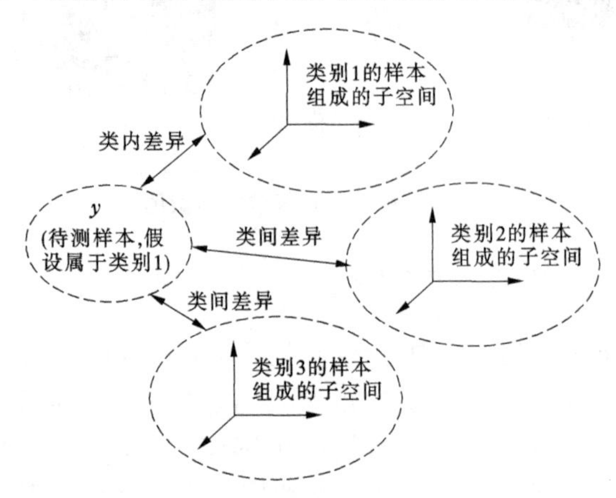


图 5-4　类内差异与类间差异的区别

为了计算类内差异和类间差异，需要知道某个特定样本点与所有的类别之间的距离。假设 $x_i^j$ 代表第 $i$ 类中的第 $j$ 个样本所提取的转征向量，用 $S_{\text{inter}}$ 表示类内差异，则根据点到子空间的距离，样本点 $x_i^j$ 与类内差异 $S_{\text{inter}}$ 之间的关系可以表示为：

$$x_i^j = X_{i,j}\alpha_i^j + S_{\text{inter}}(x_i^j) \tag{5-8}$$

其中，$X_{i,j} = [x_i^1, x_i^2, \cdots, x_i^{j-1}, x_i^j, x_i^{j+1}, \cdots, x_i^{n_i}]$，$n_i$ 为类别 $i$ 中样本的数量；$\alpha_i^j$ 为用该类中的其他样本来表示样本 $x_i^j$ 时对应于其他样本的系数；$S_{\text{inter}}(x_i^j)$ 为样本点 $x_i^j$ 与其所在的第 $i$ 类的类内距离。

即用第 $i$ 类中除了该样本 $x_i^j$ 外的所有其他样本组成子空间，计算该样本点与组成的这个子空间之间的距离。

对于除 $i$ 类外的其他类别，例如类别 $q(q \neq i)$，$x_i^j$ 与类别 $q$ 之间的距离的关系可以表示为：

$$x_i^j = X_q \beta_{i,q}^j + s_{\text{intra}}^q(x_i^j), (q = 1,2,\cdots,i-1,i,i+1,\cdots,c) \tag{5-9}$$

其中，$X_q = [x_q^1, x_q^2, \cdots, x_q^{n_i}]$，$\beta_{i,q}^j$ 是对应于样本点 $x_i^j$ 与类 $q$ 之间对应的系数，$s_{\text{intra}}^q(x_i^j)$ 就是样本点 $x_i^j$ 与类 $q$ 之间的类间距离。计算出了各个样本点的类和类间距离，则可以计算所有样本总体的类间差异 $S_{\text{Between}}$ 和类内差异 $S_{\text{Within}}$，结合式(5-8)和式(5-9)，可以表示为：

$$\begin{aligned} S_{\text{Within}} &= \sum_i \sum_j s_{\text{intra}}(x_i^j) s_{\text{intra}}(x_i^j)^{\mathrm{T}} \\ &= \sum_i \sum_j (x_i^j - X_i^j \alpha_i^j)(x_i^j - X_i^j \alpha_i^j)^{\mathrm{T}} \end{aligned} \tag{5-10}$$

$$\begin{aligned} S_{\text{Between}} &= \sum_q \sum_i \sum_j s_{\text{inter}}^q(x_i^j) s_{\text{inter}}^q(x_i^j)^{\mathrm{T}} \\ &= \sum_q \sum_i \sum_j s_{\text{inter}}^q(x_i^j - X_q \beta_{i,q}^j)(x_i^j - X_q \beta_{i,q}^j)^{\mathrm{T}} \end{aligned} \tag{5-11}$$

在本章中，特征向量采用基于自学习方法的局部特征法进行提取，令原始的输入图像为 $I_i^j$，经过滤波矩阵 $W$ 和权重分配矩阵 $V$ 的作用后，输出的特征向量可以表示为：

$$x_i^j = W I_i^j \cdot V \tag{5-12}$$

对于基于点到子空间距离的特征提取方法而言，进行优化的目标同样是缩小类内差异增大类间差异，代入滤波矩阵 $W$ 和权重分配矩阵 $V$，优化函数可以表示为：

$$F(W,V) = \max_{W,V} \frac{W \cdot S_{\text{Between}} \cdot V}{W \cdot S_{\text{Within}} \cdot V} \tag{5-13}$$

对式(5-13)进行优化求解，求出最适合训练集数据的滤波矩

阵 $W$ 和权重分配矩阵 $y$。则对于原始图像 $I_i^j$ 来说，特征向量可以表示为式(5-12)。人脸图像不同部位的重要程度不同，在划分成块后，同样可对每块图像进行上述的特征提取过程，从而得到整幅人脸图像的特征向量。

## 5.4 基于点与子空间距离的分类器设计

通过分析前面介绍的几种经典的分类器的原理和特点，可以发现，SVM 和 KNN 属于基于点到点距离的分类，而 PCA 属于最佳投射分类法，然而很多工作忽略了特征提取和分类算法之间的联系，在我们的工作中，重点分析了特征提取与分类算法的联系，提出了基于点到平面距离的计算准则。根据这一准则我们提出了基于点到子空间距离的分类器。

假设来自同一个人的样本归为一类，在第 $i$ 类样本中，有 $n_i$ 个样本点，设每个样本点都是一个长度为 $m$ 的向量，则该类的集合可以表示为 $A_i = [v_{i,1}, v_{i,2}, \cdots, v_{i,n}] \in R^{m \times n_i}$。当一个待测样本 $y \in R^m$ 属于该类时，$y$ 落在由该类的所有训练样本组成的子空间内，即可以表示为：

$$y = \alpha_{i,1} v_{i,1} + \alpha_{i,2} v_{i,2} + \cdots + \alpha_{i,n_i} v_{i,n_i} \tag{5-14}$$

其中，$\alpha \in R$ 是各训练样本的线性系数。

基于点到子空间距离的原理，对一个待测特征向量 $X$ 进行分类的原理就是测量待测向量与已知的第 $i(i=1,2,\cdots,c)$ 类中的所有向量组成的子空间之间的距离，比如若待测向量 $x$ 与第 $k$ 类向量组成的子空间之间的距离最小，则表示待测向量 $x$ 属于类别 $k$。

假设训练集中共有 $N$ 个向量，共分为 $c$ 个类别，每个类别中有 $n_i, i=1,2,\cdots,c$ 个特征向量，设每个特征向量的维度为 $q$，即 $x_i \in R^q$，将第 $i$ 类中的所有特征向量用一个矩阵 $X_i$ 表示：

$$X_i = [x_i^1, x_i^2, \cdots, x_i^{n_i}] \in R^{q \times n_i} \quad i = 1,2,\cdots,c \tag{5-15}$$

这样,该类的所有训练向量组成了一个向量空间 $X_i$。

设一个未知标签的待分类特征向量为 $y$,需要确定向量 $y$ 属于训练类中的哪一类。假设向量 $y$ 是属于第 $i$ 类,则根据同一人脸图像落在同一子空间内的原理,向量 $y$ 可用第 $i$ 类中的特征向量的线性组合表示,即

$$y = X_i\beta_i \quad i \in 1,2,\cdots,c \tag{5-16}$$

其中,$\beta_i$ 是线性组合的系数,采用最小二乘法估计,可以得到 $\beta_i$ 的估计值 $\hat{\beta}_i$:

$$\hat{\beta}_i = (X_i^{\mathrm{T}}X_i)^{-1}X_i^{\mathrm{T}}y \tag{5-17}$$

对每个类做这样的估计,可以用每类的特征矩阵 $X_i$ 和线性估计系数 $\hat{\beta}_i$ 来给出待测特征向量的估计值:

$$\hat{y}_i = X_i\hat{\beta}_i \quad i = 1,2,\cdots,N \tag{5-18}$$

将式(5-17)中 $\hat{\beta}_i$ 的表达式代入,得到:

$$\hat{y}_i = X_i(X_i^{\mathrm{T}}X_i)^{-1}X_i^{\mathrm{T}}y \tag{5-19}$$

写得更简洁一些,用 $H_i$ 代表 $X_i(X_i^{\mathrm{T}}X_i)^{-1}X_i^{\mathrm{T}}$,则式(5-19)可以表示为:

$$\hat{y}_i = H_iy \tag{5-20}$$

这样,向量 $\hat{y}_i$ 就是待测向量 $y$ 在第 $i$ 类的向量形成的子空间上的投射。换言之,向量 $\hat{y}_i$ 是在第 $i$ 个子空间中距离向量 $y$ 最近的向量,$H_i$ 就是映射矩阵,将向量 $y$ 投射到子空间中形成向量 $\hat{y}_i$。然后,再计算原始向量 $y$ 与在各个子空间映射后的向量 $\hat{y}_i$ 之间的距离:

$$d_i(y) = \| y - \hat{y}_i \|_2 \qquad i = 1,2,\cdots,c \tag{5-21}$$

分类识别的依据就是在哪一类的映射更接近原始向量：

$$\min_{i} d_i(y) \quad i = 1,2,\cdots,c \tag{5-22}$$

图 5-5 展示了一个识别算法结果的例子，图中的输入图像属于第一类，分类结果图的横坐标代表类别，纵坐标代表点与子空间的距离。可以看出，输入图像与第一类别形成的子空间的距离最短，即判别出输入图像属于第一类，可以看出算法的有效性。

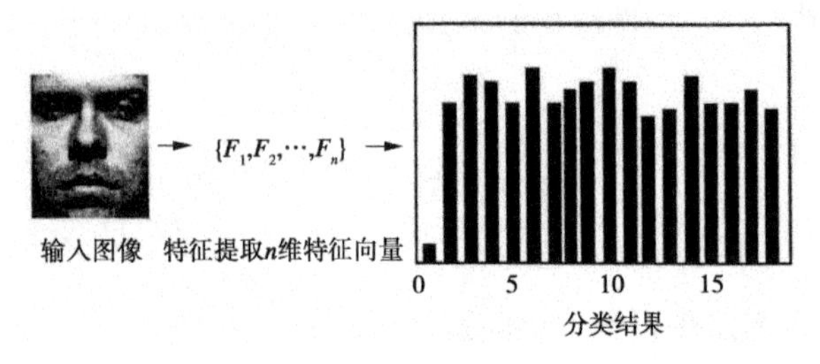


图 5-5　识别算法示例

# 5.5　本章小结

在分析了目前典型的特征提取方法和分类识别方法之后，本章提出了特征提取和分类识别不应该完全分开讨论的观点，并提出了基于点到子空间距离的内在原理，并用该原理进行特征的提取和分类识别。本章中采用的特征提取方法是在自学习局部特征提取方法之上进行修改，类内差异和类间差异的计算在本章中都采用了基于点到子空间距离的计算方法；分类识别的方法的依据也是点到子空间的距离。实验表明，基于统一的内在原理的人脸识别系统能够取得更好的识别效果。

# 第6章　其他方法简介

## 6.1 人体检测跟踪方法

人体检测跟踪技术一般分为运动目标分割、运动人体分类识别和运动人体跟踪等三个部分,下面分别从这三个方面阐述一下人体检测跟踪技术的主要研究方法。

### 6.1.1 运动目标分割

#### 6.1.1.1 运动图像分割方法

对于人体检测而言,首先提取运动区域的前景,分割图像中运动部分,接下来是人体的检测识别环节。目前,国内外对于运动图像的分割领域取得了很多成果,研究者们提出了很多有创意、有实用价值的分割方法,归纳起来,对于运动的图像分割主要有以下几类方法:基于参数模型的分割方法、基于非参数模型的分割方法、基于形态学的分割方法和基于变化区域的分割方法等。下面着重对主要的分割方法做一简要描述。

1.基于参数模型的分割方法

参数模型的基本思想是假设每个目标都是独立运动的,光流矢量对每个目标进行投影,这样不同的目标就能够利用映射的参数来进行描述了,这里的模型是依赖于连续视频图像的,通过分割来达到对每一个运动区域进行参数描述的目的。这样运动矢量就可以应用这些参数模型来合成了。

一般情况下,一个三维的刚性物体可以在平面上描述为二维的运动场,那么在正交投影下用大约 6 个参数模型来描述,但是在投射投影状态下,一般需要 8 个参数,这里是用透视模型来描述的,应用对象的深度信息和三维模型来分割目标,还有文献指出可以通过二次空间的变化来实现分割,这两次分割可以补偿物体的运动变化以及大小的变化,而且包括物体发生形变带来的变化等。

参数模型的分割受到采集视频图像的影响,对于噪声敏感度不强,由于参数的计算是一个估算值,它是多个像素结合在一起的估算,所以可以处理对象遮挡仅局限于刚性的物体。

2. 基于非参数模型的分割方法

这种方法是通过对运动物体的光流场来获得的,一般情况下,我们假定相邻两帧间的外部光照或者人工照明条件不变,这是光流场的需要,所以光流场就可以描述运动场了,不过存在遮挡和孔径等问题,采用光流法来检测运动场是不稳定的,这就需要引入其他模型来模拟运动场了。

基于非参数模型的分割方法中应用比较多的方法是基于块状运动的分割方法,这种模型是在分辨率低的视频中出现的,由于图像的低码率很高,所以不能利用旋转和缩放的办法来处理平移的块运动模型的运动估计,同时块运动的计算量是由运动估计来决定的,分割的精度取决于块的尺寸,通常的运动对象分割与跟踪采用由粗到细的快速估计算法来实现精确估计。

另外,贝叶斯算法是经典的运动分割方法,这种方法通过寻找最大的后验概率来获得期望分割与目前分割匹配度最高的情况,对于用贝叶斯方法分割运动物体而言,在它进行分割的同时再进行运动估计,分割效果通常会很好,这是以牺牲运算时间为代价的。同时也有研究人员提出前向插值的方法,用以替代网格模型的运动估计来提高运动估计的速度,这种方法的缺点是分割的效果很容易受到网格生成算法中关键点的影响。

此外,目标检测尤其是人体检测在变化区域的检测上有一些新的方法,比如 Snake 算法就是同松弛方法一样,对目标的边缘进行精确的检测,还有改进的 Snake 方法,利用能量项的防射不变形的特性,通过利用对象的参数模型来解决多目标的分割问题,这类方法能够根据空间和时间的约束条件及图像的信息使得曲线按照规则收敛到局部最小。

3. 基于形态学的分割方法

这类方法中比较有代表性的是对象分割方法,这类算法由以下四部分组成:采集图像的简化处理、图像标记和提取、图像决策及后期处理。此外还有基于空间和时间的分割方法,首先简化图像,仅仅保留人眼敏感的区域和部分来简化图像,然后合并独立的部分进行后期的分割;有文献指出还可以先预分割再区域合并,最后去除弱边沿的思路,对于初始分割是采用多尺度的形态学梯度方法来进行的,然后再利用行动的一致性原则进行合并,最后应用图像的彩色信息来消除弱的边缘;另外,还有一种基于建立双模型的统计方法,即基于噪声模型和边沿模型的分割方法,对于弱的边缘,它的两边是标记的最佳位置,而且这种方法还应用到了彩色信息和边缘信息,用以提高定位的准确性。综上而言,形态学的分割方法计算量较小,提取目标的轮廓比较容易,但是对于周围的噪声很敏感。

4. 基于变化区域的分割方法

这种分割方法首先对全局图像进行运动估计并作补偿,之后根据相邻视频帧背景相同的原则来推断前景,也就是运动目标,这里通常应用帧间差分的方法来获得运动区域,此外还有通过阈值对于连续的图像做帧间差分,获得检测的模板,接着采用局部阈值的迭代办法平滑滤波。如果变化模板中的像素有出现运动的现象,那么该像素就是运动的对象,通过去除掉未被覆盖的背景,并且采用模板边缘对齐图像边缘,进而达到对运动对象定位改进的目的。

通常来讲，以上的方法计算量小，而且方法设计比较简单易行，是应用比较广泛的方法，但是对于噪声的敏感度过高，而且不能处理快速移动的运动物体，所以对于室外复杂背景变化而言，这类方法不太适合，相反，对于室内背景单一、运动物体较慢的视频图像是比较适合的。

5. 其他种类的方法

首先，值得一提的是应用帧间差分对比度和局部方差对比度来绘制目标的熵分布图方法，它是通过分布图来分割对象的。其次，有研究人员提出用 Mallat 和 Gabor 小波变化来分割目标，这是根据小波变化的特性，Mattlat 小波变换用于分割高分辨率的图像，而 Gabor 小波变换用于低分辨率的运动信息的估计。再次，还有一种先粗后细的分割办法，这就是基于快速递归的最短扫描方法，这种方法速度很快，不过需要预先设定分割的区域数量，这种方法对于外界噪声较为敏感。最后，有研究人员提出一种交互式的分割方法，首先在采集的视频中挑选一批可以显示目标特征的帧，然后重点分割这些特征帧来作为后续图像分割的参考，这种方法的鲁棒性较高，这是因为其中利用了对象的多个视角的分割办法。

#### 6.1.1.2 运动目标分割技术

1. 背景建模法

背景建模的方法是目前应用比较多的一种分割方法，尤其在静止的背景下检测效果较好。这种方法是计算参考帧和当前帧的差来检测图像的前景区域的，利用背景的模型来获得新的图像，通过设定的阈值来判定是否是前景。一般而言，比较稳定的背景是根据正态分布来建立模型的，同时利用递归来更新模型以适应新图像的变化，目前有通过应用三个正态分布来为车辆、物体阴影和道路建模的，还有根据像素的强弱来建立高斯模型的，Elgammal 团队建立的模型是一个无参数的背景模型，它是通过对像素强度的概率估计获得的。$W^4$ 项目是采用背景值的高阶统计量来建立背景模型的，它的背景模型呈双模型分布。一般来讲，背景建模方法比较容易，但是对于背景的变化，比如树叶的摇摆、光照的变化等十分敏感，鲁棒性不强。

这种方法一般是选取一个参考图像作为背景图像，然后将背景图像与当前帧的图像做差分，进而找到前景区域，即运动目标。一般而言，这种方法的效果很大程度取决于背景图像的选取，所以简单地选取背景一般不能满足外界的不利影响，普遍采用背景更新的办法来避免外界条件如天气、光照带来的影响。

设定背景图像是 $B(x,y,t)$，当前图像是 $A(x,y,t)$，那么差分后的图像就是：

$$M(x,y) = A(x,y,t) - B(x,y,t) \tag{6-1}$$

一般地，我们对差分后的图像做阈值规定，就得到前景区域，即运动目标区域，公式如下：

$$M(x,y,t) = \begin{cases} 1 & \min|A(x,y,t) - B(x,y,t)| > T \\ 0 & \min|A(x,y,t) - B(x,y,t)| \leq T \end{cases} \tag{6-2}$$

其中，背景更新公式如下：

$$B(x,y) = B(x,y) + (1-\alpha)B(x,y) \tag{6-3}$$

这里的 $\alpha$ 是更新的频率。背景减除法的基本思想是建立视频图像的背景模型，之后利用连续帧的图像与背景图像的对比来得到运动物体。它具有计算简单、运算速度快等优点，但该法对有外界影响的图像检测精度不高，同时还存在由于差分图像法本身局限而引起的空洞、拖影以及运动人体被拉长等现象。

2. 帧间差分法

基于帧间差分的方法首先对于运动图像整体进行一次估计和运动补偿，这里假定采集的图像相邻帧之间的背景是相对静止的，有了这个假定，就可以对帧与帧做差分工作，从而得到运动区域。比如 Neri 团队指出，运动的对象具有较强的结构性关系，而且具有高斯的特性，所以可以应用互帧差的四次高阶统计量预分割来得到前景区域和背景区域，只是获得前景区域由于差分会存在一定程度的空洞；再比如 Mech 团队，他们提出的分割方法是基于更换检测模板的方法，也就是通过设定不同阈值来变化检测的模板，之后应用松弛技术来将边缘平滑，采用目标对象的连贯性来变换检测模板，利用去除未被覆盖的背景来得到运动的模板。总而言之，帧间差分的方法可以获得较为完整的数据，不过对于外界环境较为敏感，一般利用不同的背景模板来解决这一问题，尤其是自适应背景模板尤为有效，而且这类方法较为简单易用、速度较快，缺点是对外界变化鲁棒性不强。

帧间差分法的原理很简单，就是将连续采集图像的相邻帧对应的像素的灰度值做差分处理，如果外界环境变化不是很明显，对应像素的灰度差别就不大，如果采集的图像区域变化很大，那么就可以认定这是存在运动的前景区域，我们就把这些运动区域提取出来，通过标记这些像素的区域，我们就可以求出运动人体在图像中的位置。

它的公式如下：

$$G_{i,i-1}(x,y) = |M_i(x,y) - M_{i-1}(x,y)| \tag{6-4}$$

$$G_{i,i-1}(x,y) = \begin{cases} 1 & G_{i,i-1}(x,y) \geq th \\ 0 & G_{i,i-1}(x,y) < th \end{cases} \tag{6-5}$$

式中，$G_{i,i-1}(x,y)$ 为像素点$(x,y)$处相邻帧的像素差值；$M_i(x,y)$ 和 $M_{i-1}(x-y)$ 分别为第 $i$ 帧和第 $i-1$ 帧在像素点$(x,y)$处亮度分量；$i$ 表示帧数$(i=1,2,\cdots,N)$；$th$ 为阈值。

一般而言，帧差法获得的运动目标会较为一致，这是因为运动区域或者运动目标在匀速的运动状态下，如果运动目标突然加速或者突然减速的话，那么检测的运动区域或者运动目标就会出现检测数量不全或者数量超出的可能。另外，利用帧差法检测的运动目标由于帧间相减的原因会存在多帧的运动信息，那么就会检测出过多的目标点，所以为了弥补帧差法带来的问题，通常采用三帧差法解决这个问题，三帧差法公式表示如下：

用 $M_n(x)$ 表示当前帧的像素的灰度值，则满足式(6-6)的像素点就认为是运动的点：

$$\left.\begin{aligned}|M_n(x)-M_{n-1}(x)|>th\\|M_n(x)-M_{n-2}(x)|>th\end{aligned}\right\}\tag{6-6}$$

其中 $th$ 是设定的阈值。

三帧差法的算法流程如图6-1所示。

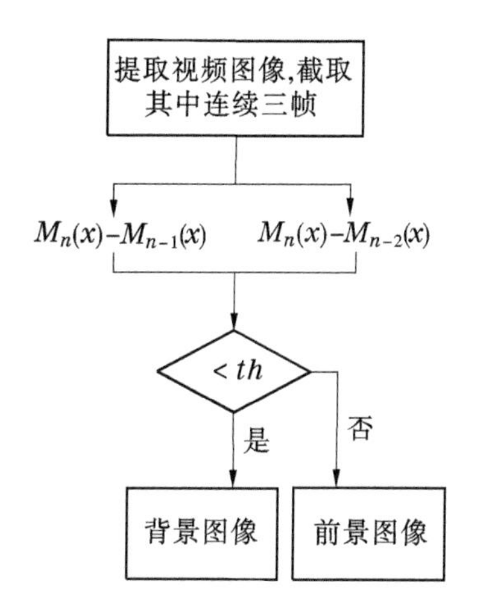


图6-1　三帧差法的算法流程

帧差法是对连续的三帧图像进行差分，通过设定阈值来区分背景和前景运动目标，确定差分结果小于阈值的是背景，大于阈值的是前景运动目标。三帧差法受光照和阴影影响较小，是一种比较快速而且有效的提取前景的方法。

3.运动参数估计和光流场法

基于运动参数估计和光流场的方法是指通过运动参数的估计和计算光流场来找到符合运动模型的像素区域，最后合并区域进而获得运动图像。比如 Wixson 就提出了如何检测运动物体的特征点，他是采用计算方向一致性的光流来进行运动物体的检测的。还有提出根据光流的速度来辨别背景和前景，不过由于光流法受到外界的干扰，所以可靠性不强，进而有文献提出基于贝叶斯概率统计的分割方法，首先搜索分割标记的最大后验概率，然后利用贝叶斯方法分割运动目标，一般会取得较好的效果，这种方法的缺点是计算量比较大，计算复杂度较高，而且需要设定先验参数，这就存在估计的差异性，后来 Nuno 提出了另一种改进的方法，即根据先验的贝叶斯运动分割方法，这个方法不需要对每一种参数都给予先验参数，而是只需要一个先验表示即可。一般地，光流可以理解为物体的点在平面的投影，拿人眼来举例，人观察物体运动的时候，人的视网膜上就形成了一系列的图像，这些变化的图像就是连续流动的信息，就成了光流。

### 6.1.2 运动人体识别

对图像进行分割提取了运动目标之后就要进行分类识别了，这一阶段的主要任务就是对于提取的目标进行模式分类，判断运动前景是否是人体，通常的思路是对于运动前景对象进行特征提取，接着训练强分类器，然后利用分类器对这些特征进行分类识别。一般地，这里选取的特征可以是基于颜色的特征，比如肤色等，或者形状特征，比如人体轮廓和边缘等。下面简单列举目前常用的几类人体特征识别方法。

#### 6.1.2.1 基于整体特征的识别方法

基于整体特征的识别方法的基本思想是假设差异的人体在同一个方向上具有相似的外围轮廓，所以只要能够采用数学建模等方法将这些相似的轮廓加以表示，就可以利用已有的人体信息来判断和检测未知区域轮廓了，由于需要表示相似的轮廓，所以这种方法的计算量会相对大些，但是鲁棒性较强，常用的方法中提取的轮廓特征包括 HOG 特征、edgelet 特征、小波特征和 Shapelet 特征等。

#### 6.1.2.2　基于组合部位的识别方法

基于组合部位的人体识别方法的基本思想是将人体分为几大块,包括头、上肢、躯干、下肢等,通过对待检测物体每个部位的识别来组合判断运动的前景是否是人体。这种方法比较简单,但是计算复杂度较大,所以在一些特殊情况下具有较好的效果,比如存在部分部位遮挡的情况。这种基于组合部位的识别方法主要包括基于贝叶斯推断的组合分类法、隐式模型法和自适应组合分类法等。

#### 6.1.2.3　基于多摄像头的识别方法

之前的两种方法都是基于单目摄像头的,所以获取的图像是二维图像,这在提取人体特征的时候会丢失一些信息,随着计算机硬件的发展,基于双目摄像头和多摄像头的图像采集的应用,针对多摄像头的运动人体识别方法也发展起来了,这类方法的基本思想就是获取同一个运动物体在不同角度的图像,然后整合多角度信息来判断识别前景物体是否是人体。这类方法比较有代表性的是 Cluter Boosted Tree 方法,这种方法的优势在于抗干扰能力强,可以更加准确地记录运动物体的信息,为后期识别提供更多有用的特征。但是由于多角度采集图像会增加后期算法的计算量,增大处理时间,所以实时性不强。

### 6.1.3　运动人体跟踪

在计算机视觉领域中,运动人体跟踪是一个重要的研究项目,广泛应用于人们生活的各个领域。在通过目标分割提取方法将运动物体提取出来以后,接着对运动目标进行人体检测识别,最后跟踪人体并预测其轨迹。

#### 6.1.3.1　人体跟踪方法

下面介绍几类典型的人体跟踪方法。

1. 基于区域的运动物体跟踪方法

这类方法一般可以按照跟踪对象的自身特征和性质来划分，一般分为基于刚体的跟踪以及基于非刚体的跟踪。基于刚体的跟踪方法一般流程是：首先对图像进行参数估计，提取出运动对象的模板；然后进行多参数的运动估计，达到对运动图像分割的目的。一般情况下，这种方法适用于运动前景和图像背景对比度不大的情况，还适用于运动对象之间出现遮挡的情况，首先前提是运动对象是刚体；对于非刚体的跟踪算法一般流程是：首先得到前一帧中运动对象的边缘信息，进而评估边界部分的运动模式，接着再次得到当前帧图像准确的边缘信息，从而生成对象的模板。这种方法较为普遍，不过对于运动前景和背景的对比度要求较高。

需要指出的是，以上关于基于区域的刚体或者非刚体的跟踪方法都对噪声有很强的抗干扰性，鲁棒性较强。有研究人员提出了一种新方法——基于自适应窗口的跟踪方法，可以减小搜索窗口的范围，以及运动对象的形状、大小和方向的改变带来的误差，很好地提高了跟踪的效果。另外，还有基于卡尔曼滤波的自动跟踪方法，这种方法可以整合图像的深度信息和颜色信息来对前景目标进行跟踪。此外，还有 JPDAF 方法，英文叫做 Joint Probabilistic Data Association Filter，这种方法是对卡尔曼滤波器的一种改进和扩展，通过搜寻包括物体轮廓、纹理和有关区域来跟踪运动对象，这种方法可以有效处理部分遮挡的问题。接着还有在运动跟踪中加入新的因素，这是利用了对象的空间特征不变的性质，对于室外的一般情况有很好的鲁棒性。此外，还有采用特定点来进行跟踪，包括背景区域中心的特征点和运动区域的中心点作为跟踪点，结合其他信息诸如运动物体的消失与出现以及颜色和深度等信息来跟踪运动对象。一般情况下，基于区域特征来跟踪物体适用于刚体以及非刚体，结合多种信息可以取得很好的跟踪结果。

2. 基于网格的运动物体的跟踪方法

这类方法比较有代表性的是基于二维网格的运动物体跟踪方法，这种方法的跟踪流程是：首先获取连续帧的图像，取第一帧的边界，接着将第一帧的边界作为第二帧的粗边界，根据最大对比度的约束规则去获取查找新的对象边界；然后，用新的没有被覆盖的边界采用二维网格技术重新提取出来，当然也结合搜索算法；接着，结合运动物体的色彩信息、边缘信息和运动的矢量特征来分析判断背景区域、运动图像和新的对象等，对原对象和新对象进行跟踪，这里的每一帧都需要进行网格结构的更新，每当遮挡的区域超过了阈值，那么就重新开始分割过程。

这种方法可以跟踪刚体和非刚体，而且可以跟踪多个对象，还能够处理对象间的遮挡、新对象以及原对象消失的情况，不过，前提是需要运动前景与背景具有较强的对比度差异。

3. 基于变形模板的运动物体的跟踪方法

这里的变形模板泛指两类，即非参数变形模板和参数变形模板，其中 Snake 算法可谓是经典的非参数变形模板了，一般在变形模板的方法中我们都采用这种算法来跟踪运动物体。目前，有很多跟踪方法都用到并改进了这种方法，比如，通过对前一帧的运动投影，作为下一帧的对象的粗轮廓，接着再应用分割算法获得结果；还有，采用 Hough 变换来检测图像下一帧的对象，之后根据获得的初始轮廓，应用 Snake 算法来分割对象，这样可以跟踪较为复杂背景的运动物体。此外，还有采用形态学的办法来获得运动对象的骨架，这样就减少了计算量，为实时处理图像和跟踪运动物体打下了很好的基础，方法通过对比运动对象的骨架模型，来分割对象并且跟踪运动对象。

对于其他领域，比如车辆检测跟踪，也可以采用基于参数的变形模板来处理，目前跟踪车辆的运动方法里有采用参数化的变形模板，而且应用卡尔曼滤波器来调节模型的大小、位置和方向等，可以获得局部最小的效果并找到最佳的匹配。

4. 基于小波的运动跟踪方法

目前小波变换是数学领域中很热的一个分支,它可以分析和处理信号,尤其是处理不平稳信号的有效工具。小波变换是用局部化的函数来形成小波基,用这个小波基作为基础而展开的。小波分析是分析在时间域和频率域上的信号,将信号分割成为不同频率域上的元素,接着采用各个频率域相适应的分辨率来分析各元素。小波的理论得到了很大的发展,有很大的改进和创新,包括插值小波、高维小波、周期小波、小波构造、多进小波等都是目前小波研究的重点,由于小波的分析具有很好的尺度变化特征、局部化特征,以及时频方向性特征等,所以小波分析在很多领域都有应用,比如数据压缩、非线性分析,还有图像处理等领域。在目标跟踪的方面,小波分析也有一定的用途,比如 Jean Pierre Leduc 等结合卡尔曼滤波和基于时空的小波变换来跟踪运动目标。实验证明,这种方法可以有很好的跟踪效果,尤其是对于传感器的噪声有较强的抗干扰能力,并且对于遮挡问题也有很好的解决办法。此外,郭春等提出的基于 Mallat 的改进算法也很有特点,他将信号进行多尺度的分解,然后将噪声的高频信号滤掉,剩下的多分辨率的信号再经过小波进行重构,就得到了去除部分噪声的新观察信号,进而提高跟踪的精确度,这是利用了小波分析对信号可以进行层层分解的功能。

5. 基于模型的跟踪方法

这种方法的基本思路是利用之前已有的先验知识对需要跟踪的运动物体进行建模,接着利用模型与运动物体的匹配程度来对运动目标进行跟踪。一般而言,基于模型的跟踪方法主要有三种,分别是模型的有线图方法、立体模型方法和二维轮廓方法。这里模型的有线图法基本流程是:首先将运动目标的各个区域近似地看作是直线,Karaulova 等将人体近似看作是直线区域的集合,将人体进行分层建模,然后对运动人体进行检查;对于立体模型方法的流程是:首先利用球体、椭圆体、锥体等作为模型来描述运动物体,Wachter 和 Nagel 等曾采用椭圆锥台来构建人体的运动模型,利用采集的视频图像,通过匹配来比对三维模型的投影和人体运动的关系,来达到对运动人体跟踪的目的,这种方法对于相互遮挡和背景干扰有一定的鲁棒性,缺点是对于三维的模型来说,描述需要大量的计算,而且前期的参数设置较多,运算时间稍长。对于二维轮廓法而言,首先将人体投影到图像中,通过一组连接的平面区域来描述,Ju 等提出了纸板入模的方法,这种方法适用于分析人体的关节运动。

6. 基于轮廓的跟踪方法

这种方法是通过一条曲线来描述运动物体的,这条曲线是封闭的,而且这条曲线可以自己更新变化,整个跟踪流程是:首先为运动目标建立轮廓模型,用这个模型来表示能量的函数形式,然后利用数值方法和最优化法来计算能量函数的最小值,其实这个最小值就是我们要获取运动目标所对应的位置。常见的轮廓演化模型有以下几种:CV 模型、GVF. Snake 模型、气球模型等。其中 Deriche 与 Paragios 提出了用短程活动轮廓来检测和跟踪运动图像中多个运动目标的方法,这种方法计算效率较高,利用时间较少,对于部分遮挡也有一定的鲁棒性,但缺点是对于轮廓的初始化存在一定的难度。

7. 基于特征的目标跟踪方法

它的基本思想是获得图像序列中边缘、角点特征的运动信息,根据运动信息估计目标的位置、尺寸等。该方法的优点是利用少量的特征信息描述目标,能有效降低跟踪中的运算量,使算法实现更加简洁。

#### 6.1.3.2　运动人体跟踪算法

下面介绍一下目前常用的两种运动人体跟踪算法。

1. 粒子滤波法

粒子滤波法是利用蒙特卡罗模拟方法来实现的贝叶斯滤波，它起源于蒙特卡罗法，基本思想是通过寻找状态空间的具有权值的随机样本来近似后验概率密度，这些样本代表对一种状态的假设，通过转移这些样本的状态，之后加权运算来表示后验概率密度，进而得到该状态的估计值。

基于粒子滤波的算法流程图如图 6-2 所示。

2. 卡尔曼滤波

卡尔曼（Kalman）在 20 世纪 60 年代提出了卡尔曼滤波的方法，这一理论和方法也建立了现代的滤波理论。实际上，卡尔曼滤波方法是基于时间和空间的方法，是求取系统状态递推的最小均方差的估计，这种系统是具备高斯噪声的线性系统。卡尔曼引入了最优滤波理论，这是现代控制论的状态空间的一种思想，他提出的卡尔曼滤波是用观测方程来表示系统的观测模型，用状态方程来表示系统的动态模型，同时处理各种信号，包括多维信号和非平稳信号，这一理论和方法的提出，解决了很多问题，引起了工程界的高度关注。

卡尔曼滤波器的状态随机差分方程表示为：

$$x_k = Ax_{k-1} + Bu_{k-1} + w_{k-1} \tag{6-7}$$

式中，系统状态变量 $x \in R^n$；$w$ 为系统过程噪声；$u$ 为系统控制输入。

观测方程表示为：

$$z_k = Cx_k + v_k \tag{6-8}$$

其中观测变量 $z \in R^m$。

这里的观测模型和动态模型又称为观测系统和动态系统，观测系统对应于观测的方程，而动态系统对应于状态方程。对于状态方程而言，它是由两部分组成的，即动态噪声向量产生的当前时刻的预测状态向量，还有输入向量在动态系统中当前时刻产生的

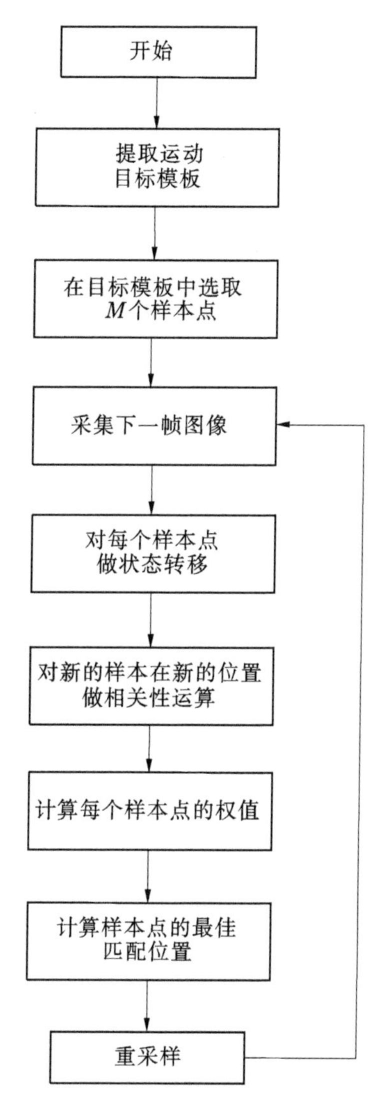


图6-2　基于粒子滤波的跟踪算法流程图

系统状态。而观测方程也是由两部分组成的,第一部分是观测噪声向量在当前时刻的输出观测向量,第二部分是观测系统在当前时刻以及之前的所有的观测数值,然后综合考虑状态更新方程,通常有两个因素需要考虑,即当前时间点的状态和当前时间点的观测向量,通过这两个因素来得到当前时间点的修正值。所以,卡尔曼滤波实际上就是利用方程通过反复的迭代来计算系统未来的状态,即预测状态,另外利用得到的观测值来修正目前的状态的过程。卡尔曼滤波器在跟踪领域的作用是评估和修正预测结果,它在最小化协方差误差的角度有很好的效果,通常被用在图像处理的跟踪系统中。

## 6.2 光照预处理方法

### 6.2.1 引言

光照变化对人脸识别的影响最早是由 Adini 和 Jaeobs 等提出的,光照的影响对于人脸识别的影响是巨大的,有些优秀的系统在光照发生重大变化时,识别率会陡然下降,比如著名的 FRVT 测试,在光照和姿势发生变化时,人脸识别系统整体性能都受到巨大的影响。

一般来说,变化的光照可以从两个角度来分析:角度的变化和强度的变化。角度的变化可以引起物体表面的明亮和阴暗的部分,而且程度不同,一般阴暗的部分就会导致物体(这里说的是人脸)表面的纹理受到干扰甚至模糊不清,而光照的强度会产生一些极端的情况发生,比如说非常的明亮和几近黑暗等。这两种情况都会对人脸图像产生很大的影响。

一般的光照预处理方法是下面的思路:将获得的初始图像做信号变换或图像处理,目的是能够变不标准的光照环境为标准的

光照环境,通常用下面公式来表示:

$$I' = T(I) \tag{6-9}$$

式中,$I$ 为最初获取的图像;$T$ 为图像处理或者信号变换的规则;$I'$ 为经过处理或者变换后的图像。

目前人脸识别中光照预处理方法常用的有直方图均衡化(Histogram Equalization,HE)、Gamma 校正、局部对比度增强算法(Local Contrast Enhancement,LCE)、离散余弦变换(Discrete Cosine Transform,DCT)以及高斯差分滤波算法(Difference of Gaussian filter,DOG)等。

直方图均衡化方法的基本思想是:对原始图像的像素灰度做映射变化,使变换后的图像灰度的概率密度均匀分布,虽然可以减少光照的影响,但是变化后图像细节会有损耗,这是因为灰度级降低了。Gamma 校正算法通过调整 Gamma 参数来调整图像的明暗,进而削弱光照变化的影响,不过 Gamma 校正值的选取尚未较好解决图像中高光和阴影区域光照变化的问题,而且图像经过 Gamma 校正后略显失真,尤其是对彩色图像失真效果明显。局部对比度增强算法是统计每个区域的平均亮度值,然后根据当前像素点亮度值以及所在区域亮度平均值大小进行对数变换。虽然局部对比度增强算法可以强化局部图像细节,但是不能改善整幅图像动态范围。离散余弦变换是一种正交变换,它的基本思想是通过去除高频分量、保留低频分量的原则来重建源图像,新图像仍然保存着重要信息,所以不会引起明显的失真,对识别率贡献取决于低频分量。高斯差分滤波是一种滤波器,它是在空间域对原始灰度图像进行卷积运算以达到平滑处理的效果,它的传递函数是两个不同宽度的高斯函数的差分。

### 6.2.2　直方图均衡变换

直方图均衡变换描述了图像中的某一个灰度值和这个灰度值

出现的次数或者频率的对应关系，一幅图像中的像素总数是 $n$，而某一个灰度值为 $r_k$ 的像素的总数目是 $n_k$，那么 $n_k/n$ 就是我们说的灰度值 $r_k$ 出现的概率，这幅图像的灰度直方图就如图 6-3 所示。

$$r_k/n = n(r_k)$$

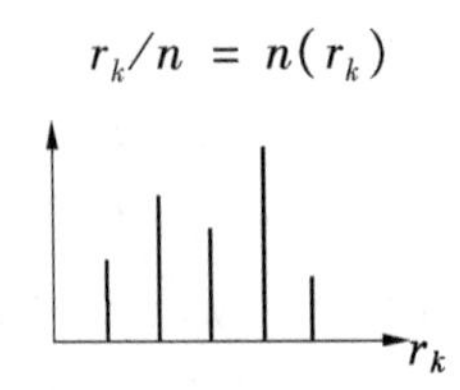


图 6-3 灰度级直方图

直方图均衡变换包括直方图规定化和直方图均衡化，直方图规定化是一种直方图修正手段，它是根据已经给定规范的直方图来修正采集图像的直方图，使源图像能够变化为与规范图像相似的外形，这样就能够看清楚我们感兴趣的灰度值了，如果标准的图像是在光照正常情况下采集的，那么直方图规定化就会得到光照归一化的目标了。

直方图均衡化就是通过灰度变换的函数将原来图像的直方图变化为或者说修正为灰度值均匀分布的新直方图，之后根据均衡的直方图来修正原来的图像。一般来讲，它们之间的变换函数是根据图像灰度值的直方图累计分布函数来决定的，简单说就是把原来图像不均衡的概率密度通过变换转化为均匀分布的新的图像，通常图像的信息熵会在图像的直方图灰值均匀分布时呈现最大值，如果熵最大，那么就意味着图像的信息量最大，图像就会看起来很清楚。

原始图像和经过直方图均衡变换后得到的图像如图 6-4 所示。

## 6.2.3 Gamma 变换

Gamma 变换的基本思想是通过改变 Gamma 的参数来调整源

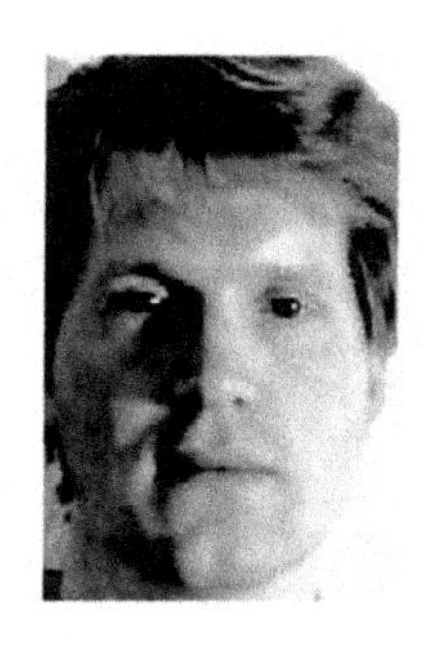

图6-4 原始图像和经过直方图均衡变换后得到的图像

图像整体的明暗,它的原理是:预先有一个标准的人脸图像,这是事先定义好的,然后通过调整参数把源图像校正到已给的图像,这里我们定义 $I$ 为标准光照的图像,那么经过 Gamma 变化后我们就可以认定源图像做了来自于相同光照下的改变,即削弱了原来光照对图像的影响。

Gamma 变换的步骤如下:

(1)计算 Gamma 参数:

$$\gamma^{*} = \arg\min_{\gamma} \sum_{x,y} \left[ cI_{xy}^{\frac{1}{\gamma}} - I(x,y) \right]^{2} \tag{6-10}$$

(2)计算图像中每点的亮度 $cI_{xy}^{\frac{1}{\gamma}}$,经过处理得到最后图像。将原始灰度图像 $I$ 经过非线性的灰度变换,当 $g \in [0,1]$ 时图像变亮,如图 6-5(b)所示;当 $g > 1$ 时图像变暗,如图 6-5(c)所示。对于变换后的图像进行归一化得到如下的 Gamma 校正效果。

### 6.2.4 局部对比度增强

局部对比度增强算法是:首先统计每个区域的平均亮度值,然后根据当前像素点亮度值以及所在区域亮度平均值大小进行对数变换,由于变换后会出现负数以及数值较小等情况,故需进行归一化。它的算法流程如下:

(a)

(b)

(c)

图 6-5　原始图像和经过 Gamma 变换后得到的图像

(1)计算各区域平均亮度值,区域范围选择为 $p \times p$。

$$\overline{Y(m,n)} = \frac{1}{p^2}\sum_{i=-2}^{2}\sum_{j=-2}^{2} Y(m+i,n+j) \qquad (6\text{-}11)$$

(2)对数变换($\theta$ 为阈值,$Y(m,n)$为当前点亮度值)。

$$\sigma(m,n) = \begin{cases} \lg(Y(m,n)/\overline{Y(m,n)}) & (Y(m,n) > \theta, \overline{Y(m,n)} > \theta) \\ 0 & else \end{cases} \qquad (6\text{-}12)$$

(3)归一化。

$$f(m,n) = \phi^*(\sigma(m,n) - \sigma_{\min})/(\sigma_{\max} - \sigma_{\min}) \qquad (6\text{-}13)$$

式中,$\phi$ 为图像中最大灰度级;$\sigma_{\max}$、$\sigma_{\min}$ 分别为所有点中最大、最小局部灰度值。

原始图像和经过局部对比度增强后的图像如图 6-6 所示。

图 6-6　原始图像和经过局部对比度增强后得到的图像

### 6.2.5 离散余弦变换

离散余弦变换简称为DCT,它是一种正交变换,这种正交变换可以很大程度上减少不同随机变量的相关性,通过去除高频分量、保留低频分量的原则来重建源图像,类似于PCA算法,也是通过降维的手段,最后保留对整个图像贡献率百分比的数据一样,对于保留下来的系统,在后期恢复信号时,由于它们的贡献率高,所以看起来信号不会太失真,只是某些细节有些模糊而已。还有一种算法叫作离散余弦变换的快速实现方法,英文简称FFT,这种算法可以有效地处理离散余弦变换计算量大的问题,而且这种方法也是最优判别矢量集求解的最直接方法。总之,离散余弦变换方法与其他线性判别方法相比较而言,优势是计算速度快、识别率较高。

利用离散余弦变换之后,原图像的二维DCT系数就会形成一个矩阵,这个矩阵与原图像大小相同,它的高频系数集中在矩阵的右下角,是图像的细节和边缘成分,它的低频系数集中在矩阵的左上角,是图像中几乎没有变化或者变化较慢的部分。

## 6.3 人脸识别方法

### 6.3.1 引言

人脸识别方法中最重要也是最基本就是特征脸的方法,特征脸的方法是一种K-L变换的方法,这种方法也叫作主成分分析方法,即PCA或者Hotelling变换,这种方法是Pearson在19世纪初提出来的,在1933年,Hotelling又一次提出了这种算法,后来这种算法由Sirovich和Kirby联合应用到了人脸重建的领域上,这里的K-L变换实际上是一种特征矢量求解的技术,它的作用是可以降低图像空间的维度,所以,K－L 变换的基本宗旨是去除冗余的信息,降低采集图像的维度。具体做法是:将原来维度的数据集合转换到新维度的数据集合,也就是我们说的主成分或者特征脸的集合,而且这些数据具有不相关性,按照贡献率从大到小的顺序,选取最大的那部分,使得原来的数据变化量最大,然后将采集的人脸图像向这个新的维度空间投影,只要计算它们的距离即可。这种方法对光照变化十分敏感,所以如果光照变化明显,那么投影后所保留的主要元素会发生变化,进而影响投影后的分类效果,这是 PCA 方法的缺点。同时,与这种方法相关的算法还有多空间 K－L算法和 Fisherface 算法等。PCA 算法同时也可以作为基本方法与其他方法相结合,例如 Evolutionary Pursuit 方法就是利用 PCA 来对采集的图像先做降维处理,接着寻找基本向量的偏转,获得最优基,满足图像压缩和编码的操作。这种 PCA 结合其他方法的方式要好于单独的 Fisherface 算法和 PCA 算法。

基于人工神经网络的方法是一种融入人工智能思维的方法,这种方法引入了自适应的因素,使得方法可以自己进行学习和处理问题,是一种自学习的智能方法,比如有研究者采用 Hyper BF 神经网络来进行人脸识别,还有采用 Convolutional 神经网络方法,这种方法融合了局部采样的办法,可以自动加载神经网络的各个映射。

弹性图匹配方法是在 19 世纪 30 年代由 Malsburg 提出的,这种方法的基本原理是:由于图像是反映物体基本模型的,其中的节点反映了物体的某一部分特征,而且边缘反映了物体的几何特征,就有研究者指出人脸可以表示成 Gabor 小波的标记图,而这种方法对外界影响如光照变化、人脸的姿势和表情具有独特的通用性,不过这种方法的缺点就是计算量大,最近的研究表明提高弹性图匹配的性能可以通过融合支持向量机来实现。

隐马尔可夫模型是一种具有统计特征的、基于参数表示的概率模型,它具有两个随机的过程:一个是可观测的序列,称为观察序列;一个是隐形的序列过程,称为状态。一般地,潜在的状态决定了观察序列,应用到人脸识别中,可将人脸的特征看作各个状态,从而人脸就可以看作马尔可夫模型了,那么可以应用隐马尔可夫模型的特性将人脸的各个特征,也就是人脸上的主要器官联合起来,在识别效果上有很出色的表现。

根据三维建模来识别人脸是最近比较热门的一个领域,它克服了二维人脸识别不可解决的畸形识别的现实,还原了真实人脸的所有特征。一般而言,三维模型在构建人脸时可以反映真实人脸的每一个角度的特征信息,这就为识别提供了广泛的参考,可以根据需要来选择有用的特征信息。有研究者已经根据三维建模来进行人脸识别的工作,同时可以对统计学意义上的模型进行评估。

人脸的表情十分丰富,美国著名的电影明星金凯瑞,据说可以做出上千种表情,这说明在人脸识别中,要想识别出人脸,就要解决这些丰富表情带来的人脸变化,这是一个难题,而且在识别过程中,人脸的表情有时候甚至是没有办法控制的,所以早期的人脸识别研究中,研究者对情感和表情做了系统的但是较为简单的研究,比如基本的感情,如高兴、悲伤、愤怒,并且根据这些感情提出了相应的表情模板,比如高兴的感情,面部的表情就会在嘴上有所体现,一般的人高兴后嘴角会上扬,而生气的时候,嘴角就会下落,这样研究者就制定了更为细致的表情识别方法。后来,又有人融合了多种表情提出了基于多特征的人脸识别系统,这个系统涉及方法较多,同时也可以通过经典的方法来部分解决表情变化问题,比如主成分分析法、Gabor 小波方法、光流法等。

除了表情的影响,还有年龄对人脸识别的影响,古代有句话叫做"女大十八变,越变越好看",这说明了年龄对人脸变化的影响是巨大的,即使是从小在一起长大的伙伴,时隔几十年后,仍然需要仔细辨认才能认出对方,这就说明人脸随着年龄的变化有着很大的不同，同时我们也应该看到，人脸也有不随时间变化的固定不变的特征，或者叫做相似性。比如人五官的位置，也就是距离不会发生大的变化，五官的基本特征不会变化太大，如高鼻梁的人在多年后还是高鼻梁。所以，可以建立合适的模型把这些不变或者相似性的特征输入模板中来进行后期的识别。

### 6.3.2 主成分分析

在人脸识别的研究中，主成分分析是我们都熟悉的最为经典也是应用最广的一种方法，简称 PCA 或 Eigenface。这种方法在人脸识别应用后取得了很好的效果，从此沿用至今，而且后来很多人脸识别算法都是以这个算法为基础进行加工和改进的。

实际上，PCA 方法的基础来源于 K－L 变换，K－L 变换首先是应用在数据压缩领域中，它是一种最优的方法。通过 K－L 变换可以将一般的高维空间的信息和数据压缩到低维的空间中去，进而可以减少维数，同时也可以通过低维空间信息去描述高维空间数据。而 PCA 的方法就是通过这个思想将图像以列向量的方式来表示的。

主元分析是一种基于统计特征的线性子空间法，它是一个降维的过程，其基本算法流程如下：

(1)用 $\overline{x_i}$ 表示一个 $N$ 维列向量，$i=1,2,\cdots,L$。

(2)用 $x_i$表示 $L$ 个样本向量的均值。

(3)构造协方差矩阵，非对角线元素表示不同列向量元素间的相关性：$\text{cov} = \frac{1}{L}\sum_{i=1}^{L}(x_i - \overline{x})(x_i - \overline{x})^{\mathrm{T}}$。

(4)对协方差矩阵进行特征分析，得到其特征值 $v_1, v_2, \cdots, v_L$ 和对应的特征向量 $\lambda_1, \lambda_2, \cdots, \lambda_L$，满足：$\text{cov}v_i = \lambda_i v_i$。

(5)令 $T = (v_1, v_2, \cdots, v_L)^{\mathrm{T}}$，则 $\text{cov}T^{\mathrm{T}} = \lambda_i T^{\mathrm{T}}$，$T$ 为线性变换的投影矩阵。

(6)对于任一个向量$x$,经过变换矩阵$T$变换$y=T(x-\bar{x})$。

(7)将特征值排列,使得排序后$\lambda_1 \geqslant \lambda_2 \geqslant \cdots \geqslant \lambda_L$,同时调整相应的特征向量的顺序。

(8)求满足贡献率的特征向量的维数$M$,使$\frac{\sum_{j=1}^{M}\lambda_j}{\sum^{L}\lambda_i} \geqslant \alpha$,$\alpha$为贡献率,可以根据需要保留信息量。

(9)计算对应的变换矩阵$T=(v_1,v_2,\cdots,v_M)^{\mathrm{T}}$。

(10)于是有$y'=T'(x-\bar{x})$,得到$y'$的维数比原来的向量$x$维数低。PCA过程结束,得到原图像的各元素间互不相关且维数低于新的特征表示。

### 6.3.3　线性判别分析

线性判别分析(Linear Discriminant Analysis,LDA)与主成分分析不同,它是有监督的特征提取过程,利用了样本的分类信息,识别性能上普遍好于主成分分析算法。LDA算法思想是将一个高维空间的样本全部投影到一维的空间中。这在数学上是容易办到的。一般看来,如果将一个高维空间的样本投影到一个一维空间上后,那些本来分散的样本会在投影后聚集在一起,考虑会难以辨认,但是我们总是能够找到一个方向,这个方向可以将投影后的特征最大限度地分开,这是LDA需要解决的问题。这是统计模式识别的基本算法,即以样本的可分性为目标,寻找一组线性变换,从一个较高维度的特征空间中提取出那些判别能力超强的特征值,在做投影操作时,尽量做到使相同类别的样本集中在一起,使得不同类别的样本分开一些,即使得样本内离散度和样本间离散度比值最小,为的是可以更好地对不同类别的样本进行区分处理。

定义样本的类内离散矩阵为:

$$S_W = \sum_{i=1}^{c} \sum_{i=1}^{N} (a_j^i - \overline{a_i})(a_j^i - \overline{a_i})^{\mathrm{T}} \tag{6-14}$$

类间离散矩阵为：

$$S_B = \sum_{i=1}^{c} N_i(\overline{a_i} - \overline{a})(\overline{a_i} - \overline{a})^{\mathrm{T}} \tag{6-15}$$

因此，如果 $S$ 是一个非奇异矩阵，那么我们假定一个方向 $W$，这个 $W$ 就可以使得样本的类内离散度矩阵和类间离散度矩阵比值最小，同时，我们定义 Fisher 准则，即最佳映射函数是：

$$W = \arg\max \left| \frac{W^{\mathrm{T}} S_B W}{W^{\mathrm{T}} S_W W} \right| \tag{6-16}$$

式中，$S_B$为样本类间离散度矩阵；$S_W$为样本类内离散度矩阵。

通过计算得出 $W$ 就是满足如下等式的解：

$$S_B W_i = \lambda_i S_W W_i \tag{6-17}$$

### 6.3.4 Gabor 小波

Gabor 小波进行滤波时采用不同尺度和方向的一组滤波器，如何表示多个滤波器的滤波结果是 Gabor 小波在人脸识别中的研究方向之一。整合一幅图像的不同滤波结果，这种方式叫做 Gabor 整体表征，同时处理不同滤波器的结果，这种方式叫做多通道 Gabor 表征。整体表征保存不同滤波器得到的全部信息，有文献指出，Gabor 小波构造的滤波器是非正交的，不同滤波器之间存在冗余，整体表征时人脸的特征维数较高并且包含一定冗余信息。有文献提到的使用采样、主成分分析、各种线性变换的方法，虽然可以减少识别过程的特征维数，不过这是以损失部分判别信息甚至某些重要判别信息为代价的。多通道表征保留各通道的互补信息，其核心问题是如何设定多通道识别结果的融合规则。有文献介绍了最大最小值等一些简单的处理多通道的方法，这些方法可以直接得到识别的结果，但是没有考虑到通道对于分类的重要性。

通常 Gabor 变换在人脸识别中的处理步骤如下：

(1) Gabor 滤波器的选取。调整尺度和方向系数得到不同的滤波器，不同的滤波器（核函数）提取了不同的关心区域的特征。Gabor 核函数的定义为：

$$\Psi_{\mu,v}(Z) = \frac{\| k_{\mu,v} \|^2}{\rho^2} \exp\left(\frac{\| k_{\mu,v} \|^2 \| Z \|^2}{2\rho^2}\right) \cdot \left[\exp(ik_{\mu,v}Z) - \exp\left(-\frac{\rho^2}{2}\right)\right] \tag{6-18}$$

式中，$\mu$ 和 $v$ 分别决定 Gabor 核函数的方向和尺度；$z=(x,y)$，为坐标向量；$\| \cdot \|$ 代表模运算；$\exp(ik_{\mu,v}Z)$ 代表复数值平面波；$\exp\left(-\frac{\rho^2}{2}\right)$ 是直流成分补偿，使得二维 Gabor 小波变换不受图像灰度绝对数值的影响，并且对于图像的光照变化不敏感；$k_{\mu,v}$ 为滤波器的中心频率，其计算方法有两种不同的方式，即

$$k_{\mu,v} = k_v \exp(i\varphi_\mu) \tag{6-19}$$

或

$$k_{\mu,v} = \begin{pmatrix} k_v \cos\varphi_\mu \\ k_v \sin\varphi_\mu \end{pmatrix} \tag{6-20}$$

(2) 滤波器尺度和方向的选取。滤波器的选取是非正交的，所以为尽量减少滤波器间的冗余，调整尺度和方向两个参数，使求得的滤波器满足线性相关准则。

(3) Gabor 特征的提取。人脸图像与所有 Gabor 滤波器的卷积计算，得到 Gabor 脸，这些特征可以直接进行识别。一幅图像的 Gabor 特征可以通过将输入图像与以上的 Gabor 核函数进行卷积得到：

$$o_{\mu,v} = I(Z)^* \psi_{\mu,v}(Z) \tag{6-21}$$

式中，* 表示卷积运算；$o_{\mu,v}$ 为在 $\mu$ 尺度和 $v$ 方向上对图像进行卷积的结果。

特征提取方式有整体表征和多通道表征两种算法,采用整体表征保留所有图像卷积后的信息,而多通道需要进一步进行特征融合。

(4)Gabor 特征的进一步处理。实际上,通过 Gabor 变换得到的 Gabor 脸维数非常高,并且包含了部分冗余信息,所以需要进行采样、提取主成分等处理。

# 参 考 文 献

[1] 欧阳艾嘉，张伟伟，周永权. 单纯形和人口迁移的混合全局优化算法[J]. 计算机工程与应用，2010(4)：29-31.

[2] 王芳. 基于群体智能的思维进化算法及其在图像分割中的应用［D]. 太原:太原理工大学，2010.

[3] Luo J P, Li X, Chen M R. The Markov model of shuffled frog leaping algorithm and its convergence analysis[J]. Dianzi Xuebao( Acta Electronica Sinica), 2010, 38(12): 2875-2880.

[4] Baback Moghaddam,Tony Jebara ,Alex Pentland. Bayesian Face recognition [J]. Pattern Recognition,2000, 33(20):1771-1782.

[5] 任明武.数字图像处理[M].南京:南京理工大学出版社,2003.

[6] 龙飞,庄连生,庄镇泉. 基于小波变换和 Fisher 判别分析的人脸识别方法[J].模式识别与人工智能,2005, 18(2):223-227.

[7] 崔文华，刘晓冰，王伟，等. 混合蛙跳算法研究综述[J]. 控制与决策，2012，27(4)：481-486.

[8] 周杰,卢春雨,张长水,等.人脸自动识别方法综述[J].电子学报,2000, 28(4).

[9] Wolf L,Hassner T, Taigman Y. Effective unconstrained face recognition by combining multiple descriptors and learned background statistics[J]. IEEE Transactions on Pattern Analysis and Machine Intelligence,2011,33(10): 1978-1990.

[10] 吴暾华，周昌乐. 平面旋转人脸检测与特征定位方法研究[J]. 电子学报，2007，35(9)：1714-1718.

[11] 孙圣鹏，宋明黎，卜佳俊，等. 鼻子区域检测与三维人脸姿态自动化校正[J]. 计算机辅助设计与图形学学报，2013，25(1)：34-41.

[12] 李根，李文辉. 基于尺度不变特征变换的平面旋转人脸检测[J]. 吉林大学学报(工学版)，2013(1)：186-191.

[13] 王辉.基于核主成分分析特征提取及支持向量机的人脸识别应用研究

[D]. 合肥:合肥工业大学,2006.
[14] 赵勇,袁誉乐,丁锐. DAVINCI 技术原理与应用指南[M]. 南京:东南大学出版社,2008.